"十二五"职业教育国家规划教材修订版

icve 智慧职教 高等职业教育电类课程 新形态一体化教材

传感器与检测技术

（第3版）

周乐挺 闫超 主编

高等教育出版社·北京

内容提要

本书是"十二五"职业教育国家规划教材修订版,也是高等职业教育电类课程新形态一体化教材。

本次修订面对企业信息化建设的发展现状,遵循信息采集、变送输出、整体配套、系统化架构的流程,采用工作过程领域向学习领域转换的编写思路。全书分为两篇共 11 章:第一篇(第 1~9 章)讲述传感器,内容包括传感器技术基础及电阻式、电感式、电容式、霍尔式、压电式、热电式、光电式和光纤传感器;第二篇(第 10、11 章)讲述检测技术,内容包括检测技术基础和工程常用测量系统,并在一些章节增加了实验、实训操作、工程案例等内容。

本书主要适用于高职高专机电一体化技术、电气自动化技术、工业机器人技术、计算机控制技术、生产过程自动化技术、建筑电气技术和供配电技术等相关专业的教学,也可供其他有关专业师生及工程技术人员参考。

图书在版编目(CIP)数据

传感器与检测技术 / 周乐挺,闫超主编. --3 版
. --北京:高等教育出版社,2021.3(2024.1重印)
ISBN 978-7-04-055263-8

Ⅰ.①传… Ⅱ.①周… ②闫… Ⅲ.①传感器-检测
-高等职业教育-教材 Ⅳ.①TP212

中国版本图书馆 CIP 数据核字(2020)第 218084 号

CHUANGANQI YU JIANCE JISHU

策划编辑	曹雪伟	责任编辑	曹雪伟	封面设计	张 楠	版式设计 童 丹
插图绘制	于 博	责任校对	刘丽娴	责任印制	朱 琦	

出版发行	高等教育出版社	网　　址	http://www.hep.edu.cn
社　　址	北京市西城区德外大街 4 号		http://www.hep.com.cn
邮政编码	100120	网上订购	http://www.hepmall.com.cn
印　　刷	大厂益利印刷有限公司		http://www.hepmall.com
开　　本	787mm×1092mm 1/16		http://www.hepmall.cn
印　　张	12.75	版　　次	2005 年 12 月第 1 版
字　　数	320 千字		2021 年 3 月第 3 版
购书热线	010-58581118	印　　次	2024 年 1 月第 5 次印刷
咨询电话	400-810-0598	定　　价	39.80 元

第3版前言

本书是"十二五"职业教育国家规划教材修订版,也是高等职业教育电类课程新形态一体化教材。在本版教材修订过程中,走访了钢铁冶金、水泥生产、玻璃制造等行业的大中型企业信息化能源管理中心和信息采集现场,与企业一线技术人员进行交流。根据行业相关职业岗位和职业能力培养的要求,参照维修电工、仪表维护工等相关工种国家职业标准,以及当前企业信息化技术和设备应用现状,确定教材内容架构和学习目标,将职业标准转化为教材相关内容,有针对性地加强学生职业能力的培养和综合素质养成。

全书分为两篇共11章:第一篇(第1~9章)讲述传感器,内容包括传感器技术基础及电阻式、电感式、电容式、霍尔式、压电式、热电式、光电式和光纤传感器;第二篇(第10、11章)讲述检测技术,内容包括检测技术基础和工程常用测量系统。

本书异于第2版的修订主要表现在:

1. 根据市场应用现状、整合章节内容。根据近几年高职高专学生的来源及企业需求,增加了"接近开关"的相关知识和应用,在第3章增加了"电涡流式接近开关",在第4章增加了"电容式接近开关",在第5章增加了"霍尔接近开关"的内容。在第11章增加了"集成温度传感器"的内容。重新梳理了部分章节的逻辑顺序,精简了内容,特别是与实际工作衔接不紧密的公式推导和计算内容。

2. 进一步明确目标。将原版教材每章的"学习目标"细化为"知识目标"和"能力目标",使得本书的使用者进一步明确每章的目标指向,起到思维导图的作用。

3. 图文并茂,表达清晰。本版修改和新增图示46幅、表格10张,增加了信息量,使得全书格局统一,尽力体现现代工业企业传感器与检测技术的新知识、新技术、新工艺、新标准和新产品。

4. 培养动手操作能力,对接职业标准和岗位要求。本版新增1个实验项目"测量位移与输出电压的关系",新增了4个实训项目——"制作简易电子秤""差动变压器式传感器测位移""制作简易热电偶""辨识常见电工仪表精度",并且列出了大量的施工现场技术要求,以满足本书使用者的需要。

5. 拓展专业知识、提高学习兴趣。编辑了相关文档知识链接12篇,相关链接图片127幅(13组),以此拓展学习者的专业知识范畴。

6. 配套资源开发、信息技术应用。本书配套提供丰富的教学资源,包括PPT教学课件、短视频、彩色图片、知识拓展等内容,并在书中相对位置做了资源标记,读者可以登录"智慧职教",通过手机移动终端观看,部分资源可联系编辑获取。

参与本书修订和校稿工作的有:河北出入境检验检疫局王家伟,河北沧州大化集团有限责任公司工程师刘永利,石家庄职业技术学院董彦宗,石家庄理工职业学院房品慧、高曼曼,河北工业职业技术学院周乐挺、闫超、王丽佳、陈锐、黄文静、石文兰、白玉伟。全书由周乐挺、闫超任主编,王丽佳、高曼曼、陈锐、董彦宗任副主编,房品慧任主审。

　　本书得到了高等教育出版社的大力支持和帮助,在此一并表示衷心感谢。

　　由于编者水平有限,书中难免有不妥之处,敬请各位专家和本书的使用者提出宝贵意见。

编者
2021.02.18

目 录

第一篇 传 感 器

第二篇 检 测 技 术

第一篇
传　感　器

蒸汽机的发明驱动了第一次工业革命，电器的广泛应用引发了第二次工业革命，原子能技术、航天技术、电子计算机技术的应用催生了第三次工业革命。在信息化技术进步的推动下，第四次工业革命的进程又开始了！这一轮工业革命的核心是智能化与信息化，进而形成一个高度灵活、人性化、数字化的产品生产与服务模式。

随着第四次工业革命的到来，生产自动化、现代信息等科学技术高速发展，对传感器的需求量与日俱增。传感器的应用已渗入到国民经济的各个领域。可以说，从太空到海洋，从各种复杂的工程系统到人们日常生活的衣食住行，都离不开各种各样的传感器，传感技术对国民经济的发展起着巨大的作用。

第1章 传感器技术基础

掌握传感器的定义、组成和作用;了解传感器的分类、静态特性和动态特性;掌握传感器的技术指标。

知识目标

- 熟悉传感器的基本组成和分类。
- 了解传感器的主要应用领域。
- 了解传感器的发展趋势。
- 了解传感器的静态特性。
- 了解传感器的动态特性。

技能目标

- 学会找出生活环境中各类传感器。
- 掌握测量结果数据处理的一般方法。

1.1 认识传感器

传感器来自"感觉"一词。人们用视觉、听觉、味觉、嗅觉和触觉等感官感受外界的有关信息,如物体的大小、形状和颜色,感觉到的声音、气味等。在视觉情况下,绝不是靠眼睛本身进行感觉,而是从眼睛进入的外界刺激信号通过神经传送到大脑,由大脑感知物体的大小和颜色,然后由大脑提供命令信号支配行动。其听觉和嗅觉等也完全一样。然而,要使大脑受到这些刺激,首先必须有接受外界刺激的"五官"。人的"五官"可以称之为传感器。它们的基本功能是首先接受外界的刺激信号,然后产生作用于各种神经传递信号的能量,最后再传送到大脑。在传感器的系统中,传感器模拟人的"五官"的这些作用,它能够感觉外界信息,将外界刺激信号转换为能传递的信号,即将特定的被测量(包括物理量、化学量、生物量等)按照一定的规律转换成便于应用的另一种输出信号。

传感器技术遍布各行各业、各个领域,起着不可替代的作用。例如,工业生产、科学研究、现代医学、现代农业、国防科技、家用电器,甚至儿童玩具中都少不了传感器。日常生活中,我们大量地使用着传感器。例如,电视遥控器利用红外线接收、发射传感器控制电视机;家用电冰箱、空调利用温度传感器达到控制温度的目的。在自动检测和控制系统中,传感器技术对系统各项功能的实现起着重要作用。自动化的程度越高,系统对传感器的依赖性越大。

传感器的种类繁多,从外观上看更是千差万别。图1-1所示为常见的几种传感器的外观。

温度传感器   压电传感器   压力传感器   霍尔传感器   超声波传感器

图 1-1   常见的几种传感器的外观

1.1.1   传感器的组成

传感器是一种以一定的精确度把被测量(可以是物理量、化学量、生物量等)按照一定规律将其转换成可用输出信号的器件或装置。一般来说,它的输出量是某种物理量,这种量应便于传输、转换、处理和显示等,它们可以是气、光、电,但主要是电量,如电压或电流。在不同的学科领域,传感器又称为检测器或转换器等。

在生产过程中,有各种各样的参数需要进行检测和控制,如常用的力、温度、流量、物位、转速、位移与振动等非电量。传感器是检测和控制系统中最关键的部分。

传感器一般由敏感元件、转换元件、转换电路及辅助电源组成,如图 1-2 所示。

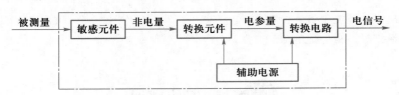

图 1-2   传感器的组成

其中,敏感元件直接感受和响应被测量,它与被测量有对应关系;转换元件是将敏感元件输出的非电量转换成适用于传输或测量的电路参数(如电阻、电感)或者电量等;转换电路是把转换元件输出的电信号转换为便于处理、显示、记录、控制和传输的可用电信号的电路;辅助电源用于提供传感器正常工作时所需的电源。

1.1.2   传感器的分类

在实际工程应用中,传感器的种类很多。同一种被测量可以用不同的传感器来测量;而同一种原理的传感器,通常又可以测量多种物理量。因此,传感器的分类方法也形形色色,目前尚没有统一的分类方法。目前较为普遍的分类方法有两种:一是按输入被测量分类,如表 1-1 所示;二是按工作原理分类,如表 1-2 所示。

表 1-1   按输入被测量分类的传感器

基本被测量	派生被测量
热工量	温度、热量、压力、压差、流量、真空度、比热容、物位、液位等
机械量	速度、转速、应变、应力、力矩、振动、加速度等
几何量	尺寸、形状、长度、厚度、角度、直径、平行度等

续表

基本被测量	派生被测量
电参量	电压、电流、功率、电阻、阻抗、频率、相位、波形、频谱等
物理化学量	气(液)体成分、浓度、盐度、黏度、湿度、密度、相对体积质量等
生物医学量	心音、血压、体温、脑电波、心电图、眼压等

表 1–2　按工作原理分类的传感器

基本被测量	派生被测量
电磁学	电阻式传感器、变磁阻式传感器、电容式传感器、压电式传感器、霍尔式传感器
热电	热电偶式传感器、热敏电阻式传感器
光电	模拟型光电传感器、开关型光电传感器
其他	微波式传感器、射线式传感器、光纤传感器、气敏传感器、湿敏传感器

1.1.3　传感器的应用领域

1. 工业生产及能源管控信息化

传感器在工业生产及能源管控信息化领域占有极其重要的地位。在石油、化工、电力、钢铁、机械等加工工业中，传感器在各自的工作岗位上担负着相当于人们感觉器官的作用，它们每时每刻地按需要完成对各种信息的检测，再把大量测得的信息通过自动控制、计算机处理等进行反馈，用以进行生产过程、质量、工艺管理与安全方面的控制。在自动控制系统中，电子计算机与传感器的有机结合，在实现控制的高度自动化方面起到了关键的作用。

目前，在劳动强度大或危险作业的场所，已逐步使用机器人来进行加工、组装、检验等工作。一些高速度、高精度的工作，由机器人来承担也是非常合适的。在这些机器人身上仅采用了检测臂的位置和角度的传感器。要使机器人和人的功能更为接近，以便从事更高级的工作，要求机器人具有判断能力，这就要给机器人安装物体检测传感器，特别是视觉传感器和触觉传感器，使机器人通过视觉对物体进行识别和检测，通过触觉对物体产生压觉、力觉、滑动感觉和重量感觉。这类机器人被称为智能机器人，它不仅可以从事特殊的作业，而且可以处理一般的生产、事务和家务。

2. 航空航天与遥感技术

在航空航天的飞行器上广泛地应用着各种各样的传感器。为了解飞行器的飞行轨迹，并把它们控制在预定的轨道上，就要使用传感器进行速度、加速度和飞行距离的测量。要了解飞行器飞行的方向，就必须掌握它的飞行姿态，飞行姿态可以使用红外水平线传感器陀螺仪、阳光传感器、星光传感器及地磁传感器等进行测量。此外，对飞行器周围的环境、飞行器本身的状态及内部设备的监控也都要通过传感器进行检测。

遥感技术是从飞机、人造卫星、宇宙飞船及船舶上对远距离的广大区域内被测物体及其状态进行大规模探测的一门技术。在飞机及航天飞行器上装用的传感器是近紫外线、可见光、远红外线及微波等传感器。在船舶上向水下观测时多采用超声波传感器。例如，在探测矿产资源时，就可以利用人造卫星上的红外接收传感器对地面发出的红外线的量进行测量，然后由人造卫星通过微波再发送到地面站，经地面站计算机处理，便可根据红外线分布的差异判断出埋有矿藏的地区。遥感技术目前已在农林业、土地利用、海洋资源、矿产资源、水利资源、地质、气象、军事及公害等领域得到了广泛的应用。

3. 交通安全驾驶

目前,传感器在汽车上的应用已不只局限于对行驶速度、行驶距离、发动机旋转速度以及燃料剩余量等有关参数的测量。由于汽车交通事故的不断增多和汽车对环境的危害,传感器在一些新的设施,如汽车安全气囊系统、防盗装置、防滑控制系统、防抱死装置、电子变速控制装置、排气循环装置、电子燃料喷射装置及汽车"黑匣子"等都得到了实际应用。可以预测,随着汽车电子技术和汽车安全技术的发展,传感器在汽车领域的应用将会更为广泛。

4. 医疗健康与环境保护

随着医用电子学的发展,仅凭医生的经验和感觉进行诊断的时代将会结束。现在,应用医用传感器可以对人体的表面和内部温度、血压及腔内压力、血液及呼吸流量、肿瘤、血液成分分析、脉波及心音、心脑电波等进行高准确度的诊断。显然,传感器对促进医疗技术的发展起着非常重要的作用。以往的医疗工作仅局限于以治疗疾病为中心,今后,医疗工作将在疾病的早期诊断、早期治疗、远距离诊断及人工器官的研制等广泛的范围内发挥作用,而传感器在这些方面将会得到越来越多的应用。

目前,环球的大气污染、水质污浊、雾霾及噪声已严重地破坏了地球的生态平衡和人们赖以生存的环境,这一现状已引起了世界各国的重视。为保护环境,利用传感器制成的各种环境监测仪器正在发挥着积极的作用。

5. 家电产品多样化与智能化

随着工业革命进程的发展,家居产品的电气化、自动化、智能化正逐步改善和改变人们的生活质量。现代家居产品中家用电器更加普及与多功能化,白色家电、黑色家电乃至米色家电正在改变着人们的生活习惯和节奏。在这些家电产品中,传感器起着不可替代的作用。随着人们生活水平的不断提高,对家用电器产品的功能提高及智能化程度的要求极为强烈。家居生活智能化的主要内容包括安全监视与报警、空调及照明控制、耗能控制、太阳光自动跟踪、家务劳动自动化及人身健康管理等。家居生活智能化的实现,可以使人们有更多的时间用于学习或娱乐休息。

1.1.4　传感器的发展趋势

现代信息技术主要包含传感器技术、通信技术和计算机技术,其三大支柱是信息的采集、传输和处理技术。它们分别构成了信息技术的"感官""神经"和"大脑"。

信息采集系统的首要部件是传感器,且置于系统的最前端。传感器发展的总趋势是集成化、多功能化、智能化,传感器技术水平的高低是衡量一个国家科技发展水平的主要标志之一。

目前,传感器技术已从单一的物性传感器向功能更强大、技术高度集成的新型传感器发展。

1. 传感器的集成化

利用集成加工技术,将敏感元件、转换元件、转换电路等制作在同一芯片上,从而使传感器具有了体积小、质量轻、生产自动化程度高、制造成本低、稳定性和可靠性高、电路设计简单和安装调试时间短等优点。

各种控制仪器设备的功能越来越强大,要求各个部件体积越小越好,因而传感器本身体积也是越小越好,这就要求发展新的材料及加工技术,目前利用硅材料制作的传感器体积已经很小。

如传统的加速度传感器是由重力块和弹簧等制成的,因而体积较大,稳定性差,寿命也短,而利用激光等各种微细加工技术制成的硅加速度传感器的体积非常小,互换性与可靠性都较好。

传感器一般是由非电量向电量的转换,工作时离不开电源,在野外现场或远离市电的地方,往往是用电池供电或用太阳能电池等供电,因此开发微功耗的传感器及无源传感器是必然的发展方向,这样既可以节省能源又可以提高系统寿命。

2. 高精度化、高可靠性和宽温度范围

随着自动化生产程度的不断提高,对传感器的要求也在不断提高,必须研制出具有灵敏度高、精确度高、响应速度快、互换性好的新型传感器,以确保生产自动化的可靠性。目前能生产精度在万分之一以上的传感器的厂家为数很少,其产量也远远不能满足要求。

传感器的可靠性直接影响电子设备的抗干扰等性能,研制高可靠性、宽温度范围的传感器将是永久性的方向。提高温度范围历来是个大课题,大部分传感器的工作温度范围为 $-20 \sim +70$ ℃,在军用系统中要求工作温度范围为 $-40 \sim +85$ ℃,而汽车、锅炉等场合要求传感器工作在 $-20 \sim +120$ ℃,在冶炼、焦化等方面对传感器的温度要求更高,因此发展新兴材料(如陶瓷)的传感器将很有前途。

3. 传感器的智能化

随着现代电子技术的发展,传感器的功能已突破传统的功能,其输出是经过微处理器处理好的数字信号,有的甚至带有智能控制功能。

智能化传感器将数据的采集、存储、处理等一体化,显然,它自身必须带有微型计算机,从而还具备自诊断、远距离通信、自动调整零点和量程等功能。

1.2　传感器的特性及主要技术指标

传感器所测量的被测量可能是恒定量或缓慢变化的量,也可能随时间变化较快,但无论哪种情况,使用传感器的目的都是使其输出信号能够准确地反映被测量的数值或变化情况。例如,测量机床车刀的切削力时,若材质均匀,切削力的值可能十分稳定;若遇到材质不均匀甚至有小缺陷时,切削力的值可能有缓慢起伏或者周期性脉动变化,甚至出现突变的尖峰力。对传感器的输出量与输入量之间对应关系的描述就称为传感器的特性,通常分为静态特性和动态特性。

1.2.1　传感器的静态特性

传感器转换的被测量数值处在稳定状态时,其输出与输入的关系称为传感器的静态特性。描述传感器静态特性的主要技术指标包括灵敏度、线性度、迟滞、重复性、分辨力、稳定性和可靠性。

1. 灵敏度

传感器在稳态标准条件下,输出变化量对输入变化量的比值称为灵敏度,用 K 表示,即

$$K = \frac{输出量的变化量}{输入量的变化量} = \frac{\mathrm{d}y}{\mathrm{d}x} \tag{1-1}$$

对于线性传感器来说,灵敏度 K 是个常数。

2. 线性度

线性度是指传感器的输出与输入之间数量关系的线性程度。

传感器的静态特性是在静态标准条件下,利用一定等级的校准设备,对其进行往复循环测试

得出的输出–输入特性(列表或画曲线)。通常希望这一特性为线性,这样会给标定和数据处理带来方便。但实际的输出–输入特性一般都是非线性的,因此,采用各种补偿环节,如非线性电路补偿环节或计算机软件进行线性化处理。在传感器非线性方次不高、输入量变化范围较小时,用一条直线(切线或割线)近似地代表实际曲线的一段,对传感器的输出–输入特性线性化的方法,称为拟合直线法,如图 1–3 所示。实际曲线与拟合直线之间的偏差称为传感器的线性度或非线性误差,取其中最大值与输出满度值之比作为评价线性度(或非线性误差)的指标,即

$$\gamma_{\mathrm{L}} = \pm \frac{\Delta L_{\max}}{y_{\mathrm{FS}}} \times 100\% \tag{1-2}$$

式中　　γ_{L}——线性度(非线性误差);

$\Delta L_{\max}$——最大非线性绝对误差示值;

y_{FS}——输出满度值。

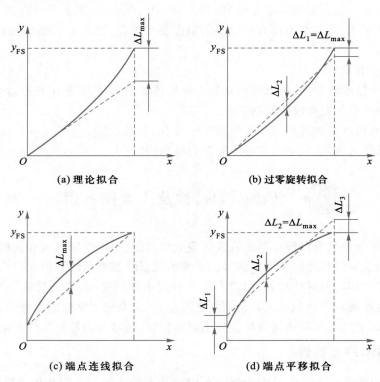

图 1–3　几种直线拟合方法

3. 迟滞

迟滞(hysteresis)是指在相同工作条件下,传感器正行程特性和反行程特性的不一致程度,如图 1–4 所示,其数值为对应同一大小的输入量,因采用的行程方向不同,传感器的输出量值不相等,这就是迟滞现象。

产生迟滞现象的原因主要是传感器机械部分存在不可避免的缺陷,如轴承摩擦、间隙、紧固件松动和材料内摩擦等。

4. 重复性

传感器的输入量在同一方向(增加或减少)变化时,在全量程内连续进行重复测量所得到的

输出–输入特性曲线不一致的程度,如图 1–5 所示。产生不一致的原因与产生迟滞现象的原因相同。多次重复测试的曲线越重合,说明该传感器重复性越好,使用误差越小。

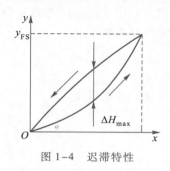

图 1–4　迟滞特性

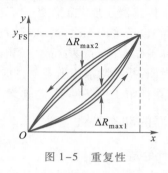

图 1–5　重复性

5. 阈值与分辨力

阈值(threshold value)是指传感器的输入从零开始缓慢增加时,达到某一最小值才使传感器输出变化,称此最小输入值为阈值,该值为传感器最小可测出的输入量。

分辨力(resolving ability)是指传感器能检测出被测信号的最小变化量。当被测信号的变化小于分辨力时,传感器对输入量的变化无任何反应。

分辨力的高低从某一个侧面反映了传感器的精度。对于模拟式(指针)仪表,分辨力就是面板刻度盘上的最小分度(一格);对数字仪表而言,如果没有其他附加说明,一般可认为该仪表的最后一位的数值就是它的分辨力。

6. 精确度

精密度(precision):在一定实验条件下,对特定的被测量用同一传感器在短时间内连续重复测量多次,以检验测量结果的分散程度。它表示随机误差大小。

准确度(accuracy):传感器输出值与真值的偏离程度。

精确度(definition/precision)简称精度,表示测量结果与真值的一致程度。它是精密度和准确度的综合,即系统误差和随机误差的综合。由于真值的不可知性,所以它仅是一个定性的概念。

7. 漂移

漂移(drift)是指传感器输入不变,输出量随时间的变化而发生的缓慢变化。它反映传感器的稳定性,是由传感器结构或者环境原因产生的。漂移可分为时间漂移和温度漂移。时间漂移是指在规定的条件下,零点或灵敏度随时间的缓慢变化;温度漂移是指由环境温度变化而引起的零点或灵敏度的漂移。

8. 稳定性

稳定性包括稳定度和环境影响两方面。

稳定度是指传感器在使用条件不变的情况下,在规定时间内性能保持不变的能力。稳定度一般用示值的变化量与时间长短的比值来表示。如某传感器输出电压值每小时变化 1 mV,则用 1 mV/h 表示稳定度。

环境影响是指由于外界环境变化引起传感器输出量的变化量。一般传感器都有给定的标准使用条件,如环境温度 20 ℃、相对湿度 60%、大气压力 101 kPa、电源电压 220 V 等。而实际工作条件通常会偏离标准使用条件,这时传感器的输出也会变化。如 0.2 mV/℃ 表示环境温度每变化 1 ℃ 将引起示值变化 0.2 mV。示值变化主要是由零漂和灵敏度漂移引起的。零漂可以用重新调零的办法来克服。

9. 可靠性

可靠性是指传感器在规定工作条件下和规定时间内具有正常工作性能的能力。它是一种综合性的质量指标,包括平均无故障工作时间、平均修复时间和失效率。

平均无故障工作时间:指两次故障间隔的时间。

平均修复时间:指排除故障所花费的时间。

失效率:指在规定工作条件下,在连续工作时间内发生失效的概率。

1.2.2　传感器的动态特性

1. 动态特性的定义

在测量过程中,许多被测量是随时间变化的动态信号,这就要求传感器的输出能够及时准确地反映这种动态变化。动态特性是指传感器测量动态信号时,输出对输入的响应特性。它反映传感器测量动态信号的能力。在实际检测过程中,如果传感器选择不当,输出量不能跟随输入量的快速变化,将会导致较大的测量误差,所以研究传感器的动态特性有着十分重要的意义。

传感器测量静态信号时,被测量不随时间变化,测量和记录的过程不受时间限制。而实际大量的被测量是随时间变化的动态信号,传感器的输出不仅要精确地显示被测量的大小,还要显示被测量随时间变化的规律。动态特性好的传感器,其输出随时间的变化规律将再现输入随时间变化的规律,即它们具有相同的时间函数。但是实际传感器的输出信号与输入信号不会具有相同的时间函数,输出与输入之间会出现差异,这种输出与输入之间的差异称为动态误差,研究这种误差的性质称为动态特性分析。

2. 研究动态特性的方法

由于传感器在实际工作中随时间变化的输入信号是千变万化的,而且由于随机因素的影响,往往事先并不知道其特性,故工程上通常采用标准信号函数的方法来研究,并据此确定若干评定动态特性的指标。常用的标准信号函数是正弦函数和阶跃函数,因为它们既便于求解又便于实现。

① 阶跃响应法。当输入信号为阶跃函数时,因为它是时间的函数,故传感器的响应是在时域里发生的,因此称它为阶跃响应法。

② 频率响应法。当输入信号是正弦函数时,因为它是频率的函数,故传感器的响应是在频域内发生的,因此称它为频率响应法。

这两种分析方法内部存在着必然联系,可在不同场合根据实际需要选择不同的方法。

3. 传感器的阶跃响应特性

阶跃响应特性是指在输入为阶跃函数时,传感器的输出随时间的变化特性。主要参数有时间常数(T)、上升时间(t_r)、响应时间(t_s)、超调量(δ)等作为评定指标。阶跃响应特性如图 1-6 所示。

① 时间常数 T:输出量上升到稳态值 $y(\infty)$ 的 63% 所需的时间。

② 上升时间 t_r:输出量从稳态值的 10% 变到稳态值的 90% 所需的时间。

③ 响应时间 t_s:输入量开始起作用到输出量进入稳定值所规定的范围内需要的时间。

④ 超调量 δ:最大偏差 Δy_{max} 与稳态值 $y(\infty)$ 之比,即 $\delta = [\Delta y_{max}/y(\infty)] \times 100\%$。超调量反映了传感器的动态精度,超调量越小,表示传感器过渡过程越平稳。

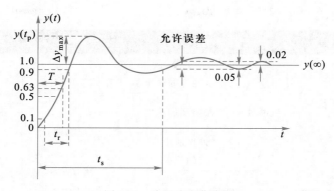

图 1-6　阶跃响应曲线图

4. 传感器的频率响应特性

在一定条件下,任何一个信号均可以分解为一系列不同频率的正弦信号,即一个以时间作为独立变量的时域信号,可以变成一个以频率为独立变量的频域信号。所以,一个复杂的被测实际信号往往包含了许多种不同频率的正弦波成分。如果把正弦信号作为传感器的输入,然后测出它的响应,那么就可以对传感器在频域中的动态性能做出分析和评价。所以频率响应是通过研究稳态过程来分析传感器的动态特性的,它可以通过对传感器在频域响应过程中的波形参数进行计算,并对响应特性曲线进行分析;也可以通过对频率响应性能指标的考核来完成。

频率响应特性是指将各种频率不同而幅值相等的正弦信号输入传感器,其输出正弦信号的幅值、相位与频率之间的关系。频率响应特性常用的评定指标有:通频带 BW、时间常数 τ、固有频率 ω_0。

① 通频带 BW:传感器的增益保持在一定值之内的频率范围,对应有上、下截止频率。

② 时间常数 τ:用来表征一阶传感器的动态特性,τ 越小,频带越宽。

③ 固有频率 ω_0:是用来表征二阶传感器的动态特性,ω_0 越大,快速性越好。

1.2.3　传感器的主要技术指标

由于传感器的应用范围十分广泛,类型很多,使用要求千差万别,所以列出全面衡量传感器的统一指标是十分困难的。然而,列出传感器的基本参数和比较重要的环境参数作为检验、使用和评价传感器的依据则是十分必要的。表 1-3 给出了部分常用传感器的技术指标。

表 1-3　部分常用传感器的技术指标

基本参数指标		环境参数指标		可靠性指标	其他指标
量程	量程范围	温度	工作温度范围	工作寿命	供电方式(直流、交流、频率及波形等)
	过载能力				
灵敏度	灵敏度		温度范围		
	满量程输出阻抗				
精度	精度		温度系数		
	误差		热滞后等		
	线性	抗冲振	允许各项抗冲振的频率	平均无故障时间	功率、分布参数值、电压范围、稳定度等
	滞后				

续表

基本参数指标		环境参数指标		可靠性指标	其他指标
精度	重复性	抗冲振	允许各项抗冲振的频率	平均无故障时间	功率、分布参数值、电压范围、稳定度等
	灵敏度误差		振幅及加速度		
	稳定性			保险期	外形尺寸、重量、壳体材料、结构特点等
动态性能	固有频率		冲振所引入的误差		
	阻尼比			疲劳性能	
	时间常数	其他环境参数	抗潮湿		
	频率响应范围		抗介质腐蚀能力	绝缘电阻	
	频率特性				
	临界频率		抗电磁场干扰能力等	耐压及抗飞弧等	安装方式、电缆等
	临界速度				
	稳定时间				

必须指出,要想使传感器的各项指标都优良,不仅制造困难,而且也没有必要。要根据实际需要,保证基本参数即可,即使是主要参数,也不必盲目地追求指标的全面优异,而应关心其稳定性和变化规律,其他的缺点可在电路上或用计算机进行补偿和修正。这样,才能使各种传感器既低成本又高精度地得到应用。

随着网络信息技术的迅猛发展,介绍有关传感器方面的新技术、新设备、新工艺、新产品的网站也越来越多。以下网站可供参考。

中国机械网 http://www.jx.cn/

中国工程机械商贸网 http://www.21-sun.com/

中国工控网 http://www.gongkong.com/

中国仪表网 http://www.ybzhan.cn/

中国化工仪器网 http://www.chem17.com/

仪器信息网 http://www.instrument.com.cn/

国家精品课程资源网 http://www.jingpinke.com/

本章小结

传感器是检测中首先感受被测量并将它转换成与被测量有确定对应关系的电量的器件,它是检测和控制系统中最关键的部分。传感器的性能由传感器的静态特性和动态特性来评价。

传感器的静态特性是指传感器变换的被测量的数值处在稳定状态时,传感器的输出与输入的关系。主要技术指标包括灵敏度、线性度、迟滞、重复性、阈值与分辨力、精确度、漂移、稳定性和可靠性。灵敏度是指传感器在稳态标准条件下,输出变化量与输入变化量的比值,用 K 表示,线性传感器的灵敏度是个常数。线性度是指实际输出-输入特性曲线与理论直线之间的最大偏差与输出满度值之比。迟滞是指传感器输入量增大行程期间和输入量减小行程期间,输出-输入特性曲线不重合的程度。重复性是指传感器输入量在同一方向(增加或减小)做全量程内连续重复测量所得到的输出-输入特性曲线不一致的程度。阈值是指传感器的输入从零开始缓慢增加时,使传感器输出变化的最小值。分辨力是指传感器能检测出被测信号的最小变化量。精确度表示测量结果与真值的一致程度。漂移是指传感器输入不变,输出量随时间变化而发生的缓慢变化。稳定性包括稳定度和环境影响两方面。稳定度是指传感器在使用条件不变的情况下,在规定时间内性能保持不变的能力。环境影响是指由于外界环境变化引起传感器输出量的变化量。可靠性是指传感器在规定工作条件下和规定时间内具有正常工作性能的能力。它是一种综合性的质量指标,包括平均无故障工作时间、平均修复时间和失效率。

传感器的动态特性是指传感器测量动态信号时,传感器输出反映被测量的大小和变化波形的能力。研究传感器的动态特性有两种方法:阶跃响应法和频率响应法。阶跃响应特性是指在输入阶跃函数时,传感器的输出随时间的变化特性。常用响应曲线的上升时间 t_r、响应时间 t_s、超调量 δ 等参数作为评定指标。频率响应特性是指将各种频率不同而幅值相等的正弦信号输入传感器,其输出正弦信号的幅值、相位与频率之间的关系。频率响应特性常用的评定指标是通频带 BW、时间常数 τ、固有频率 ω_0。

思考题及习题

一、填空题

1. 通常用传感器的_____和_____来描述传感器输出-输入特性。

2. 传感器静态特性的主要技术指标包括_____、_____、_____和_____。

3. 频率响应特性是指将各种频率不同而幅值相等的_____信号输入传感器,其输出正弦的_____、_____与频率之间的关系。频率响应特性常用的评定指标是_____、_____、_____。

4. 阶跃响应特性是指在输入为阶跃函数时,传感器的输出随时间的变化特性。常用响应曲线的_____、_____、_____等参数作为评定指标。

5. 传感器是能感受规定的被测量并按照一定规律将其转换成_____的器件或装置。

6. 传感器一般由_____、_____、_____及_____组成。

7. 目前较为普遍的传感器分类方法有两种:一是按_____分类,二是按_____分类。

8. 描述传感器静态特性的基本参数和技术性能指标有_____、_____、_____和_____等。

二、选择题

1. (　　)是指传感器中能感受被测量的部分。

A. 转换元件　　　B. 敏感元件　　　C. 测量电路

2. 被测量信息经采集、转换后,其输出仍很微弱,需要将其放大或转换成容易传输、处理、记录和显示的形式。完成这一功能的部分称为(　　)。

A. 转换元件　　　B. 敏感元件　　　C. 测量电路

3. 无论哪一种形式的测量,测量的结果总应包含两部分,即(　　)。

A. 大小和单位　　B. 数字量和模拟量　C. 数值和误差

三、简答题

1. 简述传感器的应用领域。

2. 传感器静态特性有哪些技术指标? 它们各自的定义是什么?

3. 传感器动态特性有哪几种研究方法? 各有哪些技术指标?

四、计算题

1. 有一台测温仪表,测量范围分别为 –200 ~ +800 ℃,精度为 0.5 级。现用它测量 500 ℃的温度,求仪表引起的绝对误差和实际相对误差。

2. 现有一个精度为 1.5 级的万用表,测量电压的量程有 10 V 和 15 V 两挡,要测 8 V 电压,应选哪个量程?为什么?

掌握电位器式、应变式、压阻式传感器的组成和工作原理;了解各种电阻式传感器的特点、测量电路、补偿方法和用途。

知识目标

- 了解电位器式传感器的构成、分类、工作原理、输出特性及应用。
- 了解电阻应变片的结构、分类、工作原理和特性。掌握电阻应变片测量电路的构成、温度误差及补偿方法。
- 了解半导体应变片的压阻效应和结构。
- 掌握压阻式传感器的结构。
- 了解压阻式传感器测量电路、零点温度补偿电路和灵敏系数温度补偿电路。

技能目标

- 能够识别电位器式传感器、应变式传感器和压阻式传感器。
- 学会粘贴电阻应变片。
- 能独立制作简易电子秤。

电阻式传感器是通过电阻参数的变化来达到非电量电测量的目的。这是一种将被测信号的变化转换成电阻值变化,然后再经相关测量电路处理后,在终端仪器、仪表上显示或记录被测量变化状态的测量装置。利用电阻式传感器可进行位移、形变、力、力矩、加速度、温度、湿度等物理量的测量。由于各种电阻材料在受到被测量作用时转换成电阻参数变化的机理各不相同,因而电阻式传感器有许多种类。本章重点介绍电位器式、应变式和压阻式三种电阻式传感器。

2.1　电位器式传感器

2.1.1　电位器式传感器的构成

1. 电位器式传感器的特点

电位器是一种常用的机电元件,广泛应用于各类电器和电子设备中。电位器式传感器通过电位器元件将机械位移转换成与之呈线性或任意函数关系的电阻或电压输出。它除了用于线位移和角位移测量外,还广泛应用于测量压力、加速度、液位等物理量。普通直线电位器和圆形电位器都可分别用作直线位移和角位移传感器。电位器式传感器的可动电刷与被测物体相连,物体的位移引起电位器移动端的电阻变化。电阻值的变化量反映了位移的量值,电阻值的增加还是减小则表明了位移的方向。

通常在电位器上通以电源电压,把电阻变化转换为电压输出。线绕式电位器的电刷移动时,电阻以匝电阻为阶梯而变化,其输出特性亦呈阶梯形。若这种电位器在伺服系统中用作位移反馈元件,则过大的阶跃电压会引起系统振荡。因此,在电位器的制作中应尽量减小每匝的电阻值。电位器式传感器的优点是结构简单,输出信号大,一般不需放大,使用方便,价格低廉。电位器式传感器的主要缺点是分辨率不高、精度不高、易磨损,所以不适用于精度要求较高的场合。另外,其动态响应较差,不适用于动态快速测量。图 2-1 所示为常见的电位器式传感器。

图 2-1   常见的电位器式传感器

2. 电位器式传感器的结构

电位器式传感器可以作为可变电阻器使用,也可作为分压器使用。电位器式传感器的外形如图 2-2 所示。

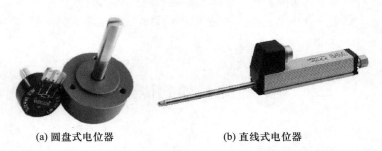

(a) 圆盘式电位器   (b) 直线式电位器

图 2-2   电位器式传感器的外形

圆盘式电位器的结构如图 2-3 所示,圆盘式电位器传感器由电阻、电刷(滑动触点)和骨架等部分组成。电刷是由回转轴、滑动触点及其他与被测量相连接的机构所驱动。

(1)电阻   圆盘式电位器传感器对电阻的要求是:电阻率大,温度系数小,对铜的热电势应尽可能小,对于细丝的表面要有防腐蚀措施,柔软,强度高。此外,要求能方便地锡焊或点焊,以及在端部易镀铜、镀银,熔点要高,以免在高温下发生蠕变。常用的材料有铜镍合金类、铜锰合金类、铂铱合金类、镍铬丝、卡玛丝(镍铬铁铝合金)及银钯丝等。裸丝绕制时,线间必须存在间隔,而涂漆或经氧化处理的电阻丝可以接触绕制,但电刷的轨道上须清除漆皮或氧化层。

（2）电刷（滑动触点）　电刷结构上往往反映出电位器的噪声电平。只有当电刷与电阻丝材料配合恰当、触点有良好的抗氧化能力、接触电势小、有一定的接触压力时,才能使噪声降低;否则,电刷可能成为引起振动噪声的声源。采用高固有频率的电刷结构效果较好。

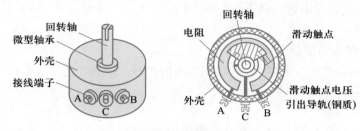

图 2-3　圆盘式电位器的内部结构

（3）骨架　对骨架材料的要求:形状稳定（其热膨胀系数和电阻丝的相近）,表面绝缘电阻高,有较好的散热能力。常用的有陶瓷、酚醛树脂和工程塑料等,也可用经绝缘处理的金属材料,这种骨架因传热性能良好,适用于大功率电位器。

图 2-4 是 YHD 型直线式电位器传感器的结构。测量轴与内部被测物相接触,当有位移输入时,测量轴便沿导轨移动,同时带动电刷在滑线电阻上移动,因电刷的位置变化会有电压输出,据此可以判断位移的大小,如要求同时测出位移的大小和方向,可将图中的精密无感电阻和滑线电阻组成桥式测量电路。为便于测量,测量轴可来回移动,在装置中加了一根拉紧弹簧。

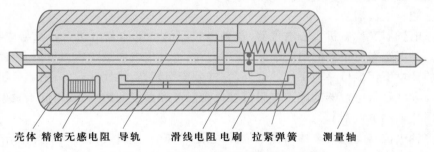

壳体　精密无感电阻　导轨　　　滑线电阻 电刷　拉紧弹簧　　　测量轴

图 2-4　YHD 型直线式电位器传感器

2.1.2　电位器式传感器分类

电位器式传感器还可按电阻体的材料分类,如线绕、合成碳膜、金属玻璃釉、有机实心和导电塑料等类型,电性能主要取决于所用的材料。此外,还有用金属箔、金属膜和金属氧化膜制成电阻体的电位器式传感器,具有特殊用途。下面讨论线绕和非线绕两种类型的电位器式传感器。

1. 线绕电位器式传感器

组成电位器式传感器的关键零件是电阻体和电刷。当有机械位移时,电位器式传感器的滑动触点产生位移,即改变了滑动触点相对于电位参考点的电阻,从而实现了非电量（位移）到电量（电阻值或电压幅值）的转换。

根据输出特性不同,线绕电位器式传感器可分为直线位移型、角位移型和非线性型。

线绕电位器式传感器具有高精度、稳定性好、温度系数小、接触可靠等优点,并且耐高温,功率负荷能力强。其缺点是阻值范围不够宽,高频性能差,分辨率不高,而且高阻值的线绕电位器式传感器易断线,体积较大,售价较高。

线绕电位器式传感器的电阻体由电阻丝缠绕在绝缘物上构成。电阻丝的种类很多,电阻丝的材料是根据电位器式传感器的结构、容纳电阻丝的空间、电阻值和温度系数来选择的。电阻丝越细,在给定空间内获得的电阻值越大,分辨率越高。但电阻丝太细,在使用过程中容易断开,影响传感器的寿命。

2. 非线绕电位器式传感器

为了克服线绕电位器存在的缺点,人们在电阻的材料及制造工艺上进行改进,制造了各种非线绕电位器式传感器。

（1）合成膜电位器

合成膜电位器的电阻体是用具有某一电阻值的悬浮液喷涂在绝缘骨架上形成的电阻膜。这种电位器的阻值范围宽、分辨率较高、耐磨性较好、工艺简单、价格低、输入/输出信号的线性度较好。其主要缺点是接触电阻大、功率不够大、容易吸潮、噪声较大等。

（2）金属膜电位器

金属膜电位器的电阻体由合金、金属或金属氧化物等材料通过真空溅射或电镀方法,在瓷基体上沉积一层薄膜制成。金属膜电位器具有无限的分辨率,接触电阻很小,耐热性好,它的满负荷温度可达 70 ℃。与线绕电位器相比,它的分布电容和分布电感很小,所以特别适合在高频条件下使用。它的噪声信号仅高于线绕电位器。金属膜电位器的缺点是耐磨性较差,阻值范围窄,一般为 10 ~ 100 kΩ。这些缺点限制了它的使用。

（3）导电塑料电位器

导电塑料电位器又称有机实心电位器,这种电位器的电阻体是由塑料粉及导电材料的粉料经塑压而成。导电塑料电位器的耐磨性好,使用寿命长,允许电刷接触压力很大,因此它在振动、冲击等恶劣的环境下仍能可靠地工作。此外,它的分辨率较高,线性度较好,阻值范围大,能承受较大的功率。导电塑料电位器的缺点是阻值容易受温度和湿度的影响,故精度不易做得很高。

（4）金属玻璃釉电位器

金属玻璃釉电位器又称为金属陶瓷电位器,它是以合金、金属氧化物或难溶化合物等为导电材料,以玻璃釉为黏合剂,经混合、烧结,在玻璃基体上制成的。金属玻璃釉电位器的耐高温性好,耐磨性好,有较宽的阻值范围,电阻温度系数小且抗湿性强。金属玻璃釉电位器的缺点是接触电阻变化大,噪声大,不易保证测量的高精度。

（5）光电电位器

光电电位器是一种非接触式电位器,它用光束代替电刷。光电电位器主要是由电阻体、光电导层和导电电极组成。光电电位器的电阻体和导电电极之间留有一个窄的间隙。无光照时,电阻体和导电电极之间由于光电导层电阻很大而呈现绝缘状态;有光照时,由于光电导层被照射部位的亮电阻很小,使电阻体被照射部位和导电电极导通,于是光电电位器的输出端就有电压输出,输出电压的大小与光束位移照射到的位置有关,从而实现了将光束位移转换为电压信号输出。

光电电位器最大的优点是非接触性,不存在磨损问题,从而提高了传感器的精度、寿命、可靠性及分辨率。光电电位器的缺点是接触电阻大,线性度差。由于它的输出阻抗较高,需要配接高输入阻抗的放大器。

2.1.3 电位器式传感器的工作原理及输出特性

1. 电位器式传感器的工作原理

图 2-5 所示是电位器式传感器测量转换电路原理图。当电刷(滑动触点)C 点沿电阻体的接触面从 B 滑向 A 端时,电刷两边的电阻随之发生变化,设电阻体全长为 l,总电阻为 R,电刷移动距离为 x。其工作原理是基于均匀截面导体的电阻计算公式,即

$$R = \rho \frac{l}{A} \qquad (2-1)$$

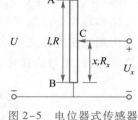

图 2-5 电位器式传感器
测量转换电路原理图

式中 ρ——导体的电阻率,$\Omega \cdot m$;

       l——导体的长度,m;

       A——导体的截面积,m^2。

由式(2-1)可知,当 ρ 和 A 一定时,其电阻 R 与长度 l 成正比。通过被测量改变电阻丝的长度,即移动电刷位置,则可实现位移与电阻间的线性转换,这就是电位器式电阻传感器的工作原理。直线式电位器,可测线位移;旋转式电位器,可测角位移。除此之外还有绕线式电位器、合成膜电位器、金属膜电位器、导电塑料电位器、导电玻璃釉电位器以及光电电位器式传感器。

2. 电位器式传感器的输出特性

电位器式传感器在实际使用时,输出端接负载,如图 2-6 所示。图中 R_L 是负载电阻,即为测量仪表的内阻或放大器的输入电阻,l 为直线式电位器的全长;R 为电位器的总电阻;x 为电刷的位移量;R_x 为随电刷位移 x 而变化的电阻,其值为

$$R_x = \frac{R}{l} x \qquad (2-2)$$

当电位器的工作电压为 U 时,其输出电压为

$$U_x = \frac{\dfrac{R_x \cdot R_L}{R_x + R_L}}{(R - R_x) + \dfrac{R_x \cdot R_L}{R_x + R_L}} U = \frac{1}{\dfrac{l}{x} + \dfrac{R}{R_L}\left(1 - \dfrac{x}{l}\right)} U \qquad (2-3)$$

由式(2-3)可知,当电位器接上负载后,其输出电压 U_x 与位移 x 呈非线性关系,只有当 $R_L \to \infty$ 时,其输出电压才与位移成正比,即

$$U_x = \frac{R_x}{R} U = \frac{U}{l} \cdot x \qquad (2-4)$$

由上述公式可得电位器式传感器的输出特性,如图 2-7 所示。

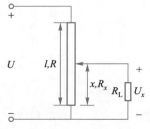

图 2-6 接上负载的电位器式传感器

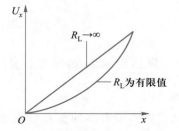

图 2-7 电位器式传感器的输出特性

为消除非线性误差的影响,在实际使用时,应使 $R_L > 20R$,这时可保证非线性误差小于 1.5%,上述条件在一般情况下均能满足,如果不能满足这一条件,则必须采取特殊补偿措施。

2.1.4 电位器式传感器的应用

1. 电位器式压力传感器

图 2-8(a)是电位器式压力传感器的外观图;图 2-8(b)为结构示意图。它将弹性元件的形变或位移转换为电信号输出。弹性元件的自由端处安装有滑线电位器,滑线电位器的滑动触点与自由端连接并随之移动,自由端的位移就转换为电位器的电信号输出。当被测压力 P 增大时,弹簧管撑直,通过齿条带动齿轮转动,从而带动电位器的电刷产生角位移。

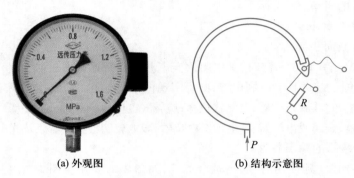

(a) 外观图   (b) 结构示意图

图 2-8 电位器式压力传感器

2. 液位传感器

图 2-9 所示为液位传感器原理示意图。当油液量变化时,浮子通过杠杆带动电位器的电刷在电阻上滑动,因此一定的油液面高度就对应一定的电刷位置。液位传感器采用电桥作为电位器的测量电路,消除了负载效应对测量的影响。当电刷位置变化时,为保持电桥的平衡,两个线圈内的电流会发生变化,使得两个线圈产生的磁场发生变化,从而改变指针的位置,使液位传感器指示出油箱内的油量。

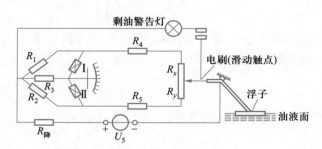

图 2-9 液位传感器原理示意图

2.1.5 实验 测量位移与输出电压的关系

1. 实验目标

通过测量电位器式传感器的位移与输出电压的关系,进一步了解电位器式传感器的工作原理。

2. 器材连接

按照图 2–10 所示接线图接线。电压表红表笔连接滑线电阻器的滑动端,黑表笔接电源负极。

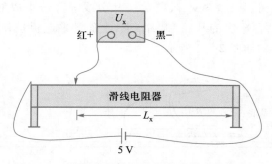

图 2–10　滑线电阻模拟电位器式传感器接线图

3. 操作步骤

主要实验器材如表 2–1 所示。

表 2–1　主要实验器材

名称	型号规格	数量	名称	型号规格	数量
滑线电阻器		1	游标卡尺	150mm	1
直流稳压电源	5 V	1	数字毫伏电压表		1

① 将滑动端推至电阻器的起始端,记录电压表的显示值,即 U_o 值。

② 用游标卡尺定位,将滑动端推至距起始点 25mm 处,逐次增加 25mm,分别将电压显示值记录于表 2–2 中。

表 2–2　电位器的电阻值

位移 x/mm	0	25	50	75	100	125	150
电压 U_o/V							

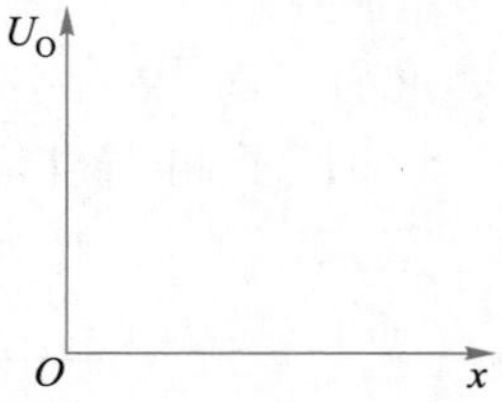

③ 将测得的电压 U_o 与位移 x 的数值画在图 2–11 所示的坐标图中,观察 U_o 与 x 是否呈线性关系。

图 2–11　电压 U_o 与
位移 x 关系

2.2　应变式传感器

应变式传感器具有悠久的历史,也是目前应用比较广泛的传感器之一。将电阻应变片粘贴在各种弹性敏感元件上,加上相应的测量电路后就可以检测位移、加速度、力、力矩等参数变化,电阻应变片是应变式传感器的核心器件。这种传感器具有结构简单,使用方便,性能稳定可靠,易于自动化,可多点同步测量、远距离测量和遥测等特点,并且测量的灵敏度、速度都很高,无论是静态测量还是动态测量都很适用。因此在机械、电力、化工、建筑、医疗、航空等领域都得到了广泛的应用。

2.2.1   电阻应变片的结构和工作原理

1. 电阻应变片的结构

电阻应变片是由敏感栅、基底(基片)、覆盖层和引线等部分组成的,其核心部分是敏感栅。敏感栅(有多种形态)粘贴在绝缘的基底(基片)上,上面粘贴起保护作用的覆盖层,两端焊接引出导线。电阻应变片的结构如图2-12所示。

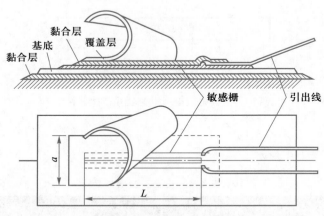

图2-12   电阻应变片的结构

图中 L 称为基长或标距;a 称为栅宽或基宽;$L×a$ 为电阻应变片的使用面积。应变片的规格一般以使用面积和初始电阻值表示,如 20 mm×30 mm、120 Ω。

2. 电阻应变片的分类

电阻应变片按其敏感栅材料的不同,可分为金属电阻应变片和半导体电阻应变片。根据使用要求的不同,又有多种结构形式。常见的金属电阻应变片有丝式和箔式,其结构如图2-13(a)、(b)所示,半导体应变片的结构如图2-13(c)所示。

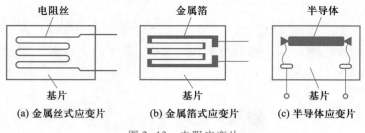

(a) 金属丝式应变片   (b) 金属箔式应变片   (c) 半导体应变片

图2-13   电阻应变片

金属丝式应变片有回线式和短接式两种。金属丝式应变片制作简单、性能稳定、成本低、易黏合。回线式应变片因圆弧部分参与变形,横向效应较大;短接式应变片敏感栅平行排列,两端用直径比栅线直径大 5~10 倍的镀银丝短接而成,其优点是克服了横向效应。

金属箔式应变片由厚度为 0.003~0.01 mm 的康铜箔或者镍铬箔经光刻、腐蚀工艺制成的栅状箔片。其主要优点是在工艺上确保了箔栅尺寸精确,因而阻值一致性好,便于批量生产。箔栅形状可以根据需要而设计,扩大了使用范围。箔栅表面积大,可以在较大电流下工作,输出信号大,有利于提高测量精度。其缺点是不适于高温环境下工作。

半导体应变片是利用半导体材料的应变效应制作的。半导体应变片应用较普遍的有体型、薄膜型、扩散型和外延型等。半导体应变片最大的优势是灵敏度高,一般是金属丝式、箔式的 50~80 倍,尺寸小,横向效应小,动态响应好。缺点是温度系数大,应变时非线性比较严重。

2.2.2 电阻应变片的工作原理

设有一段长为 l,截面积为 A,电阻率为 ρ 的电阻丝,根据式(2-1)它的电阻值为

$$R = \rho \frac{l}{A}$$

当它受到轴向力而被拉伸(或压缩)后,电阻丝的长度 l、截面积 A 和电阻率 ρ 都要发生变化,如图 2-14 所示,因此导体的电阻值也发生变化,电阻相对变化值为

$$\frac{\mathrm{d}R}{R} = \frac{\mathrm{d}l}{l} - \frac{\mathrm{d}A}{A} + \frac{\mathrm{d}\rho}{\rho} \tag{2-5}$$

式中　$\dfrac{\mathrm{d}l}{l} = \varepsilon$ ——材料的轴向线应变,常用单位为 $\mu\varepsilon$（$1\ \mu\varepsilon = 1 \times 10^{-6}\ \mathrm{mm/mm}$）;

$\dfrac{\mathrm{d}A}{A} = 2\dfrac{\mathrm{d}r}{r} = -2\mu\varepsilon$,$r$ 为导体的半径,μ 为材料的泊松比,即横向收缩与纵向伸长之比,"-"表示两者变化方向相反。

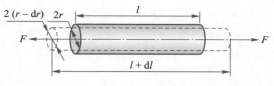

图 2-14　导体拉伸后的参数变化

代入式(2-5)中,可得电阻应变效应表达式

$$\frac{\mathrm{d}R}{R} = \left(1 + 2\mu + \frac{\mathrm{d}\rho/\rho}{\mathrm{d}l/l}\right)\frac{\mathrm{d}l}{l} = K_0\frac{\mathrm{d}l}{l} = K_0\varepsilon \tag{2-6}$$

式中,K_0 称为导电材料的应变灵敏系数。在使用应变传感器时,为使得传感器有足够的线性范围和较高的灵敏度,要求 K_0 在相应的应变范围内为较大的常数值。

对于金属材料和半导体材料,虽然都满足式(2-6)所示的应变效应表达式,即导体受力后电阻变化是由于尺寸变化和电阻率变化而引起的。但它们受力后引起电阻变化的内在机理有着很大的不同。对于金属材料,其电阻变化主要是由于尺寸变化引起的,可通过实验的方法来确定应变灵敏系数,对于各种金属或合金材料的应变灵敏系数进行测量,发现它们都有自己的常数工作范围。如用的比较广泛的康铜金属材料,其灵敏系数约为 2,且稳定性很好、线性范围大、电阻温度误差小、电阻率大,使得传感器尺寸小、加工性好、容易拉丝和焊接,是国内外用得最多的金属应变材料。通常金属电阻丝的应变灵敏系数为 1.7~4.6,用金属材料做敏感栅的应变片称为金属应变片。表 2-3 给出了制作应变片常用的金属材料技术数据。

表 2-3 制作应变片常用的金属材料技术数据

材料名称	化学成分		灵敏系数 K_0	电阻率 $\rho/$ $(\Omega \cdot mm^2/m)$	电阻温度系数/ $(10^{-6}/℃)$	最高使用 温度/℃	应用 特点
	元素	(%)					
康铜	Cu	55	1.9 ~ 2.1	0.45 ~ 0.54	±20	静态 300 动态 400	最常用
	Ni	45					
镍铬合金	Ni	80	2.1 ~ 2.3	1.0 ~ 1.1	110 ~ 130	静态 450 动态 800	用于动态 测量
	Cr	20					
卡玛合金 (6J22)	Ni	74	2.4 ~ 2.6	1.24 ~ 1.42	±20	静态 450 动态 800	
	Cr	20					
	Al	3					
	Fe	3					
伊文合金 (6J23)	Ni	75	2.4 ~ 2.6	1.24 ~ 1.42	±20	静态 450 动态 800	
	Cr	20					
	Al	3					
	Cu	2					
铁铬铝 合金	Fe	70	2.8	1.3 ~ 1.5	30 ~ 40	静态 700 动态 1 000	用于高温 应变计
	Cr	25					
	Al	5					
铂	Pt	100	4 ~ 6	0.09 ~ 0.11	3 900	静态 800 动态 1 000	
铂钨合金	Pt	92	3.5	0.68	227	静态 800 动态 1 000	
	W	8					
铂铱合金	Pt	92	4.0	0.35	590	静态 800 动态 1 000	
	Ir	8					

对于半导体材料,受力后电阻变化主要是由于电阻率变化引起的,可用下式表示:

$$\frac{d\rho}{\rho} = \pi E \varepsilon \qquad (2-7)$$

式中 π——半导体材料的受力方向压阻系数;

E——半导体材料的弹性模量。

把式(2-7)代入式(2-6)中,可得

$$\frac{dR}{R} = [(1+2\mu) + \pi E]\varepsilon \qquad (2-8)$$

由于 $\pi E \gg (1+2\mu)$,半导体应变片材料的应变灵敏系数 $K_0 \approx \pi E$,且半导体应变片材料的灵敏系数比金属应变片材料高许多倍。灵敏度高是半导体应变片的主要优点,但相比金属应变片,其测量非线性误差大、电阻温度系数大,容易产生温度误差。用半导体材料作敏感栅的应变片称为半导体应变片。表 2-4 给出了制作应变片常用的半导体材料技术数据。

表 2-4 制作应变片常用的半导体材料技术数据

材料名称	灵敏系数 K_0	电阻率 $\rho/$ $(\Omega \cdot mm^2/m)$	弹性模量/ $(10^{11}\ N/m^2)$	应用特点
P 型硅	175	0.078	1.87	灵敏度高,常用于压力和加速度的测量
N 型硅	−133	0.117	1.23	
P 型锗	102	0.150	1.55	
N 型锗	−175	0.166	1.55	
P 型锑化铟	−45	5.4×10^{-3}	0.745	
N 型锑化铟	−75	1.3×10^{-4}	0.745	

2.2.3 电阻应变片的特性

电阻应变片的特性是指由电阻应变片组成的电阻应变器的特性,是表达应变片工作性能及其特点的参数或曲线。应变片的工作特性与其结构、材料、工艺、使用条件等多种因素有关,为了正确选择和合理使用电阻应变片,必须了解其主要特性和参数。

1. 灵敏系数 K

当初始电阻值为 R 的应变片粘贴在试件表面时,使应变片的主轴线方向与试件轴线方向一致,当试件轴线上受一维应力作用时,应变片的电阻变化率 $\dfrac{dR}{R}$ 与试件主应力方向的应变 ε 之比称为应变片灵敏系数 K,即

$$K = \frac{dR/R}{\varepsilon} \tag{2-9}$$

需要注意的是,应变片灵敏系数 K 并不等于等长的电阻丝的应变灵敏系数 K_0。主要原因有以下两点:① 试件与应变片之间的黏合剂传递变形失真;② 在实际测试中,敏感栅圆弧端存在横向效应。

由于应变片粘贴到试件上就不能取下再用,因此不能对每一个应变片都进行标定,K 值通常从批量生产中每批抽样,在规定条件下通过实测确定,故 K 又称为标称灵敏系数。上述规定条件是:试件单向受力,取泊松比 $\mu = 0.285$ 的钢件进行测试。

2. 几何尺寸

应变片的几何尺寸有:敏感栅的基长和基宽,应变片的基底长和基底宽。

敏感栅基长是指应变片敏感栅在纵轴方向的长度。对于带有圆弧端的敏感栅,是圆弧内侧之间的距离;对于有横栅的箔式应变片和直角丝栅式应变片,指两横栅内侧之间的距离。

敏感栅基宽是指与应变片轴线相垂直的方向上,应变片敏感栅外侧之间的距离。

应变片的基底长和基底宽是指基片的长和宽,应变片技术规格中使用面积中的 $L \times a$ 所指即为基底长×基底宽。

3. 初始电阻 R_0

应变片的初始电阻 R_0 是指应变片未粘贴时在室温下测得的静态电阻值。常见的有 60 Ω、120 Ω、200 Ω、350 Ω、600 Ω 和 1 000 Ω 等类型,其中最常用的是 $R_0 = 120\ \Omega$ 的应变片。

4. 允许工作电流 I_e

应变片的允许工作电流又称为最大工作电流,是指允许通过应变片而不影响其工作特性的

最大电流值。

允许工作电流值的选取原则为:静态测量时取为 25 mA 左右,动态测量时可高一些;箔式应变片比丝式应变片的大;而对于易导热的被测构件材料,可选得大一些,对于不易导热的材料,如塑料、玻璃、陶瓷等要取得小些。

5. 疲劳寿命 N

疲劳寿命是指粘贴在试件上的应变片,在恒幅交变应力作用下,连续工作直至疲劳损坏的循环次数。它与应变片的取材、工艺、引线焊接、粘贴质量等因素有关,一般要求 $N = 10^5 \sim 10^7$ 次。

6. 应变极限 ξ_{max}

应变片的应变极限是指在一定温度下,指示应变值与真实应变值的相对差值不超过规定值(一般为 10%)时的最大真实应变值。应变极限是衡量应变计测量范围和过载能力的指标,通常要求大于 8 000 $\mu\varepsilon$,提高应变极限的主要方法有选用弹性模量较大的黏结剂和基底材料,适当减薄胶层和基底,并使之充分固化。

7. 机械滞后、零漂和蠕变

机械滞后是指所粘贴的应变片在温度一定时,在增加或减少机械应变过程中与约定应变(即同一机械应变量下所指示的应变)之间的最大差值。

对于已经粘贴好的应变片,在一定温度下不承受机械应变时,其指示应变随时间的变化的特性称为该应变片的零漂。

如果在一定温度下使应变片承受一恒定的机械应变,则这时指示应变随时间的变化而变化的特性,称为应变片的蠕变。

应变片在制造过程中产生的残余内应力,丝材、黏合剂及基底在温度和载荷作用下内部结构的变化,是造成应变片零漂和蠕变的主要因素。

2.2.4　测量电路

在电阻应变片式传感器中,最常用的转换测量电路是桥式电路。按电源的性质不同,桥式电路可分为交流电桥电路和直流电桥电路,目前使用较多的是直流电桥电路。下面以直流电桥电路为例,介绍其工作原理及有关特性。

1. 直流电桥电路

如图 2-15 所示,直流电桥电路的 4 个桥臂由电阻 R_1、R_2、R_3、R_4 组成,其中 a、c 两端接直流电压 U,而 b、d 两端为输出端,其输出电压为 ΔU。一般情况下,桥路应接成等臂电桥(即 $R_1 = R_2 = R_3 = R_4$)且输出 $\Delta U = 0$。这样无论哪个桥臂上受到外来信号作用,桥路都将失去平衡,从而导致有信号输出。其输出电压为

$$\Delta U = U_{ab} - U_{ad} = \frac{U(R_1 R_3 - R_2 R_4)}{(R_1 + R_2)(R_3 + R_4)} \quad (2-10)$$

单臂电桥工作(即只有一路被测信号 ΔR 进入电桥电路,如图 2-16 所示)时,其输出电压为 $\Delta U = \Delta R U / 4R$。由此说明,当电桥的桥臂电阻受被测信号的影响发生变化时,电桥电路的输出电压也将随之发生变化。从而实现由电阻变化到电压变化的转换。

当桥路的 4 个桥臂同时工作时(即 4 个桥臂上都有一个外来

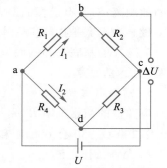

图 2-15　直流电桥电路原理图

信号 ΔR，如图 2-17 所示），桥路的输出电压为

$$\Delta U = \frac{U(\Delta R_1 - \Delta R_2 + \Delta R_3 - \Delta R_4)}{4R} \qquad (2-11)$$

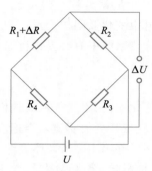

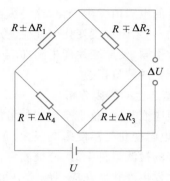

图 2-16　单臂电桥工作原理图　　　图 2-17　全等臂电桥工作原理图

2. 电桥灵敏度

根据电阻变化值输入电桥的方法不同，有半桥单臂、半桥双臂和全桥输入 3 种类型，它们的灵敏度各不相同。

（1）半桥单臂

如图 2-18（a）所示，若传感器输出的电阻变化量 ΔR 只接入一个桥臂中，工作时只有一个桥臂的阻值随被测量发生变化（$R_1 + \Delta R_1$），而其余 3 个桥臂的电阻值并没有变化（$\Delta R_2 = \Delta R_3 = \Delta R_4 = 0$）。此时，桥路的灵敏度为 $S = U/4$。

（2）半桥双臂

如图 2-18（b）所示，若有两个桥臂参与工作时，桥路的灵敏度为 $S = U/2$。

（3）全桥

如图 2-18（c）所示，若 4 个桥臂都参与工作时，桥路的灵敏度为 $S = U$。

综合上述 3 种情况，我们可以得出桥式电路的灵敏度的通解公式为

$$S = \alpha U/4 \qquad (2-12)$$

式中　α——桥臂系数。

该式表明：桥臂系数 α 越大，电桥电路的灵敏度越高；供桥电压 U 越大，电桥电路的灵敏度也越高。

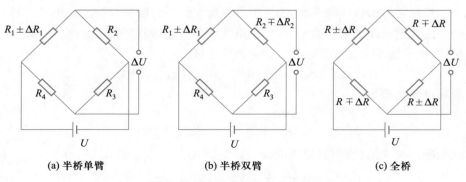

　　(a) 半桥单臂　　　　　　　　(b) 半桥双臂　　　　　　　　(c) 全桥

图 2-18　直流电桥的连接方式

2.2.5 温度误差及补偿

电阻应变片式传感器在实际使用时,除了应力变化会导致应变片电阻值发生变化外,温度变化也会使应变片的电阻值发生变化,这种因温度变化而产生的误差称为温度误差。产生的原因主要来自两方面:一是因温度变化引起应变片敏感栅的电阻变化及附加变形;二是因被测物体材料的线膨胀系数不同,使应变片产生附加应变。因此在检测系统中有必要进行温度补偿,以减小或消除由此而产生的测量误差。

1. 温度误差产生的原因分析

在使用电阻应变片时,总是希望它的阻值只随应力变化而变,不受任何其他因素影响。但实际上,应变片的电阻变化受温度影响很大,尤其是半导体应变片更加明显。当把应变片安装在一个可以自由膨胀的被测量件上时,使被测量件不受任何外力的作用,如果环境温度变化,则应变片的电阻也随之发生变化。在应变测量中如果不排除这种影响,势必给测量带来很大误差,这种由于环境温度带来的误差称为应变片的温度误差,又称热输出。造成电阻应变片产生温度误差主要有以下原因:

(1)电阻热效应

敏感栅电阻丝自身阻值随温度的变化而变化。其电阻与温度的关系为

$$R_t = R_0(1+\alpha\Delta t) \tag{2-13}$$

式中　R_t——温度为 t 时的电阻值;

R_0——温度为 t_0 时的电阻值;

Δt——温度的变化值(℃);

α——电阻丝的电阻温度系数,表示单位温度变化引起的电阻相对变化(1/℃)。

由于温度变化而带来的电阻变化为

$$\Delta R_{t\alpha} = R_0\alpha\Delta t \tag{2-14}$$

(2)敏感栅与被测量件热膨胀失配

应变片工作时,粘贴在被测量件表面上,若被测量件与应变丝的材料线膨胀系数不一致,使应变丝产生附加变形,从而造成电阻变化。电阻的变化量为

$$\Delta R_{t\beta} = R_0 K(\beta_g - \beta_s)\Delta t \tag{2-15}$$

式中　R_0——温度为 t_0 时的电阻值;

K——应变片的灵敏系数;

β_g——被测量件的线膨胀系数,表示单位温度变化引起的相对长度变化(1/℃);

β_s——应变丝的线膨胀系数,表示单位温度变化引起的相对长度变化(1/℃)。

综上所述,由于温度变化而引起的总的电阻变化量为

$$\Delta R_t = \Delta R_{t\alpha} + \Delta R_{t\beta} = R_0\alpha\Delta t + R_0 K(\beta_g - \beta_s)\Delta t \tag{2-16}$$

电阻的相对变化量为

$$\frac{\Delta R_t}{R_0} = \alpha\Delta t + K(\beta_g - \beta_s)\Delta t \tag{2-17}$$

折合成相应的应变量(称为虚假视应变)为

$$\varepsilon_t = \frac{\Delta R_t/R_0}{K} = \left[\frac{\alpha}{K} + (\beta_g - \beta_s)\right]\Delta t \tag{2-18}$$

式(2-18)就是温度变化引起的附加电阻变化所带来的附加应变变化,它与温度变化量、电阻温度系数、应变片灵敏系数、试件和应变丝的膨胀系数等有关,当然也与黏合剂有关。应变片的热输出带来测量误差,必须采取措施进行温度补偿。

2. 温度误差补偿的措施

进行温度误差补偿的实质就是消除虚假视应变 ε_t 对测量应变的干扰,常用的方法有自补偿法和桥路补偿法。

(1)自补偿法

通过合理选配敏感栅材料和结构参数来实现热输出补偿。

由式(2-18)可得,只要

$$\left[\frac{\alpha}{K} + (\beta_g - \beta_s) \right] \Delta t = 0 \tag{2-19}$$

即可消除温度误差。在研制和使用应变器时,若敏感栅材料的电阻温度系数 α、线膨胀系数 β_s 与试件的线膨胀系数 β_g 满足式(2-19),即可实现温度补偿。这种自补偿应变器结构简单,制造使用方便,最大缺点是一种确定的应变片只能用于一种确定材料的试件,局限性很大。

图 2-19 给出了一种采用双金属敏感栅自补偿应变片的改进方案。这种应变片的敏感栅是由电阻温度系数为一正一负的两种电阻丝材料串接而成。这两段敏感栅的电阻 R_1 和 R_2,由于温度变化而引起的变化分别为 ΔR_{1t} 和 ΔR_{2t},它们的大小相等,符号相反,达到了温度补偿的目的。

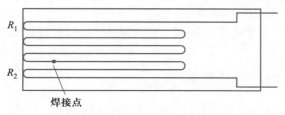

图 2-19 双金属敏感栅自补偿应变片

(2)桥路补偿法

其优点是简单、方便,在常温下补偿效果比较好;缺点是温度变化梯度较大时,比较难掌握。

① 采用补偿应变片。选用两个相同的应变片,它们处于相同的温度场,但受力状态不同。R_1 处于受力状态,称为工作应变片,R_2 处于不受力状态,称为补偿应变片,如图 2-20 所示。使用时,R_1 和 R_2 接在电桥的相邻桥臂上,其电路连接如图 2-21(a)所示。

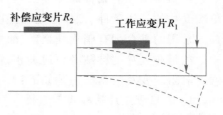

图 2-20 采用补偿应变片的结构示意图

测量时应变片是作为平衡桥的一个臂参与测量应变的,工作应变片 R_1 粘贴在被测物体需测量应变的位置上,补偿应变片 R_2 粘贴在一块不受应力作用但却与被测物体材料相同的补偿块上,并且处于和被测物体相同的温度环境中,所以温度变化引起的电阻变化量是相同的,如图 2-21(b)所示。当温度发生变化时,工作应变片 R_1 和补偿应变片 R_2 的电阻都会发生变化。因 R_1 和 R_2 为同类应变片,又粘贴在相同的材料上,由于温度变化而引起应变片的电阻变化量相同,因此 R_1 和 R_2 的变化相同,即 $\Delta R_1 = \Delta R_2$。由于 R_1 和 R_2 分别接在电桥相邻的两个臂上,如图 2-21(a)所示,此时因温度变化而引起的电阻变化 ΔR_1 和 ΔR_2 的作用可相互抵消,从而起到温度补偿的作用。

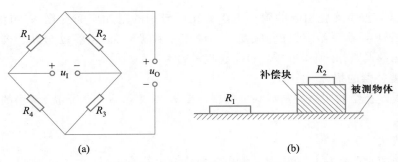

图 2-21   桥路补偿法

② 采用差动技术。对上述方法进行改进就形成了一种非常理想的差动方式,其结构如图 2-22 所示。

两个应变片完全相同,处于相同的温度场,且都为工作应变片,但其受力方向相反,当 R_1 受拉伸时,R_2 受压缩,反之亦然。当试件感受到被测量作用时,应变片 R_1 和 R_2,一个电阻增加,一个电阻减小。同时,由于它们处于相同的温度场,因温度变化带来的电阻变化是相同的。当把 R_1 和 R_2

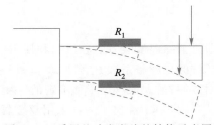

图 2-22   采用差动应变片的结构示意图

接入电桥相邻的桥臂上时,温度变化对输出无影响,很好地补偿了温度误差。同时,还可以提高电桥的灵敏度,改善输入-输出线性关系。

若测试条件允许,采用 4 个应变片组成全桥差动电路,可更好地补偿温度误差,提高传感器测量的综合性能。

2.2.6   施工技术   电阻应变片粘贴

电阻应变片在使用时通常是用黏合剂粘贴在弹性体或试件上,所以粘贴技术对传感器的质量起着重要的作用。

电阻应变片的黏合剂种类很多,首先要适合电阻应变片基片材料和被测件材料,还要根据电阻应变片的工作条件、工作温度和湿度、有无腐蚀剂、加温加压、粘贴时间长短等多种因素合理选择。常用的黏合剂有硝化纤维素、酚醛树脂胶、502 胶水等。

电阻应变片的粘贴必须遵循正确的粘贴工艺,保证粘贴质量,这些直接影响应变测量的精度。电阻应变片的粘贴工艺如下:

1. 电阻应变片的检查与选择

首先要对电阻应变片进行外观检查,看其敏感栅是否整齐、均匀,是否短路、断路和折弯。其次要对电阻应变片阻值进行测量,合理选择合适阻值的电阻应变片对传感器的平衡调整起着至关重要的作用。

2. 试件的表面处理

为保证良好的黏合强度,必须对试件表面进行处理,清除杂质、油污及表面氧化层等。粘贴表面应保持平整、光滑,一般处理方法可用砂纸打磨,或用无油喷砂法。为了表面清洁,可用化学清洗剂如四氯化碳、甲苯等反复清洗,也可用超声波清洗。

3. 确定贴片位置

在电阻应变片上标出敏感栅的纵、横向中心线,在试件上按测量要求划出中心线,还可以用光学投影方法来确定贴片位置。

4. 贴片

将电阻应变片底面用清洁剂清洗干净,然后在试件表面和电阻应变片底面各涂上一层薄而均匀的黏合剂,稍干后,将电阻应变片对准划线位置迅速贴上,再在电阻应变片上盖上一张聚乙烯塑料薄膜并加压,将多余的胶水和气泡排出。

5. 固化

贴好后,根据所使用的黏合剂的固化工艺要求进行固化处理和时效处理。

6. 粘贴质量检查

首先检查粘贴位置是否正确,黏合层是否有气泡和漏贴、破损等,然后测试电阻应变片敏感栅是否有短路或者断路现象,以及敏感栅的绝缘性能等。

7. 引线的焊接与防护

检查合格后即可焊接引出导线。引出导线要用柔软、不易老化的胶合物适当地加以固定,电阻应变片之间通过粗细合适的漆包线连接组成桥路。连接长度应尽量一致,不宜过长,还要涂一层保护层,防止大气对电阻应变片的腐蚀,保证电阻应变片长期工作的稳定性。

2.3 ▶ 压阻式传感器

金属丝和箔式电阻应变片的性能稳定、精度较高,至今仍在不断地改进和发展中,并在一些高精度应变式传感器中得到了广泛的应用。这类传感器的主要缺点是应变丝的灵敏系数小。为了改进这一不足,在 20 世纪 50 年代末出现了半导体应变片和扩散型半导体应变片。应用半导体应变片制成的传感器,称为固态压阻式传感器,它的突出优点是灵敏度高(比金属丝高 50 ~ 80 倍),尺寸小、横向效应小,滞后和蠕变都小,因此适用于动态测量。

2.3.1 半导体应变片

1. 压阻效应

沿一块半导体某一轴向施加一定载荷时,除了产生一定应变外,材料的电阻率也要发生变化,这种现象称为半导体的压阻效应。

不同类型的半导体,载荷施加的方向不同,压阻效应也不同。目前使用最多的是单晶硅半导体。对于 P 型单晶硅半导体,当应力沿[111]晶轴方向时,可得到最大的压阻效应。而对 N 型单晶硅半导体,当应力沿[100]方向时,可得到最大的压阻效应。制造半导体应变片时,沿所需的晶轴方向从硅锭上切出一小条,作为应变片的电阻材料,如图 2-23 所示。

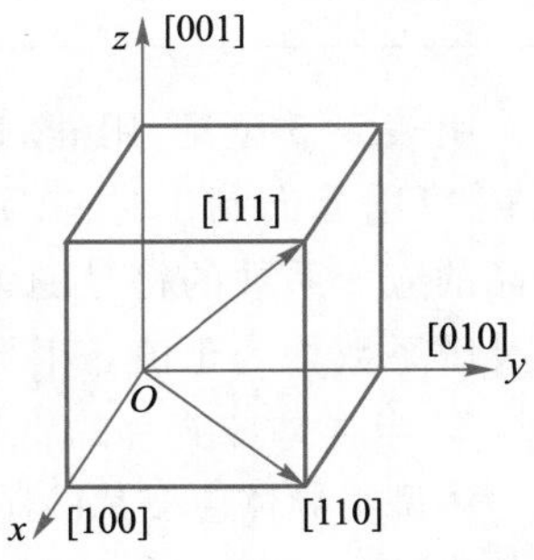

图 2-23 半导体的晶向

压阻效应的微观理论是建立在半导体的能带理论基础上的,从宏观上它仍可用金属线电阻应变片方程式来描述,将式(2-6)中的 $\dfrac{dR}{R}$ 与 $\dfrac{d\rho}{\rho}$ 用 $\dfrac{\Delta R}{R}$ 和 $\dfrac{\Delta \rho}{\rho}$ 代替,可得

$$\frac{\Delta R}{R} = (1+2\mu)\varepsilon + \frac{\Delta \rho}{\rho}$$

式中符号意义同前。正如前述,对半导体而言,上述公式中电阻的相对变化主要是由电阻率的相对变化(压阻效应)来决定的,即

$$\frac{\Delta R}{R} \approx \frac{\Delta \rho}{\rho} = \pi_L \sigma = \pi_L E \varepsilon \qquad (2-20)$$

式中 π_L——压阻系数;

   σ——应力;

   ε——应变;

   E——弹性模量。

因此,半导体应变片应变灵敏系数为

$$K = \frac{\Delta R}{R} \Big/ \varepsilon = \pi_L E \qquad (2-21)$$

用于制作半导体应变片的半导体材料主要有硅、锗、锑化铟、砷化锌等,其中最常用的是硅和锗。在硅和锗中掺进硼、铝、镓、铟等杂质,可以形成 P 型半导体;如掺进磷、锑、砷等,则形成 N 型半导体。掺入杂质的浓度越大,半导体材料的电阻率就越低。表 2-5 所列的硅和锗的参数表为在不同晶向 π_L、E 和 K 的数值。

表 2-5   硅和锗的参数表

参数		Si($\rho = 10^{-1}$ $\Omega \cdot$ m)		Ge($\rho = 6 \times 10^{-2}$ $\Omega \cdot$ m)	
		N	P	N	P
$\pi_L / (\times 10^{-11}$ m$^2 \cdot$ N$^{-1})$	[100]	−102	+6.5	−3	+6
	[110]	−63	+71	−72	47.5
	[111]	−8	−93	−95	+65
$E / (\times 10^{11}$ Pa)	[100]	1.30		1.01	
	[110]	1.67		1.38	
	[111]	1.87		1.55	
K	[100]	−132	+10	−2	+5
	[110]	−104	+123	−97	+65
	[111]	−13	+177	−147	+103

由表 2-5 可见,用硅制作半导体应变片时,如采用 P[111] 或 N[100] 晶向,用锗采用 N[111] 或 P[111] 晶向制作时,其灵敏系数比金属丝应变片要大几十倍。此外,由表还可以看出,半导体单晶的应变系数的符号随单晶材料的导电类型而异,一般 P 型为正,N 型为负,而金属丝应变片的灵敏系数均为正值。半导体材料(如单晶硅)是各向异性材料,它的压阻系数与晶向有关。

2. 半导体应变片的结构

体型半导体应变片的制作过程如图 2-24 所示。它是单晶锭[图 2-24(a)]按一定晶轴方向切成薄片[图 2-24(b)],进行研磨加工[图 2-24(c)],再切成细条经过光刻腐蚀工序[图 2-24(d)],然后,安装内引线[图 2-24(e)],并粘贴于贴有接头的基底上,最后安装外线[图 2-24(f)]而成。

基底的作用使应变片容易安装并增大粘贴面积,使栅体与试件绝缘。当要求用小面积应变片(例如用于传感器的场合)时,可用无基底的应变片。敏感栅的形状可做成条形,如图 2-24(e)所示,U 形和 W 形的分别如图 2-25(a)、(b)所示。敏感栅的长度一般为 1~9 mm。

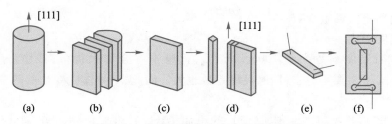

图 2-24　体型半导体应变片的制作过程

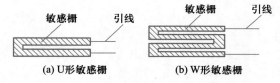

(a) U形敏感栅　　　　　(b) W形敏感栅

图 2-25　体型半导体应变片敏感栅形状

3. 主要特性

（1）应变-电阻特性

半导体应变片的应变-电阻特性,在数百微应变内呈线性,在较大的应变范围内则呈现非线性。

图 2-26 给出 $\rho = 0.3 \times 10^{-2}\ \Omega \cdot m$,晶向[111]的 N 型和 P 型硅片的应变-电阻特性曲线。由图可见,对硅片 N 型应变片压缩时,测得的应变-电阻特性的线性比拉伸时要好。用于传感器时,为了提高应变-电阻的线性度,通常对粘贴应变片的膜片预先施加压缩应变,如将原点向横轴的负方向移到 P 点,N 型硅片的线性度就可以得到改善。

当掺杂浓度不同时,半导体应变片的应变-电阻特性就不同,图 2-27 给出了不同浓度掺杂时,P 型半导体应变片的应变-电阻特性曲线。从图中可以看出:杂质浓度增加,灵敏系数就减小。

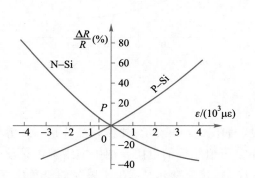

图 2-26　硅片的应变-电阻特性曲线

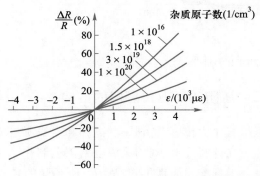

图 2-27　P 型半导体的应变-电阻特性曲线

（2）电阻-温度特性

粘贴在试件上的体型半导体应变片也和金属丝电阻应变片一样,由温度引起电阻变化为

$$\frac{\Delta R}{R} = \alpha_t \Delta t + k_0 (\beta_g - \beta_s) \Delta t \tag{2-22}$$

式中　α_t——敏感栅的电阻温度系数;

　　　β_s——敏感栅的线膨胀系数;

　　　β_g——试件线膨胀系数;

k_0——敏感栅的灵敏系数；

Δt——温度变化。

硅和锗的电阻温度系数大于 $700 \times 10^{-6}/℃$，比康铜等金属大得多，线膨胀系数 $\beta_s \approx 3.2 \times 10^{-6}/℃$，比被测试件 β_g 要小得多，同时灵敏系数也大。因此，半导体应变片的热输出也远比金属应变片大。

图 2-28 给出了 P 型硅半导体应变片的电阻-温度特性。由图可知，半导体应变片的电阻-温度特性随杂质浓度而变化，当杂质浓度增加时，$\Delta R/R$ 随温度变化减小。

（3）灵敏系数-温度特性

半导体的压阻系数 π_L 与温度的关系为

$$\pi_L = At^{-a} \tag{2-23}$$

式中　A、a——由半导体材料与杂质浓度决定的常数。

半导体应变片的灵敏系数 K 与压阻系数 π_L 成正比关系，即 $K \propto \pi_L$，故有 $K \propto At^{-a}$。如图 2-29 所示，P 型硅半导体应变片的灵敏系数-温度特性，灵敏系数的温度系数随杂质浓度增加而减小。半导体应变片的温度系数一般在 $(-0.1\% \sim -0.3\%)/℃$ 的范围内。因此在温度变化大的场合工作必须考虑温度补偿的问题。

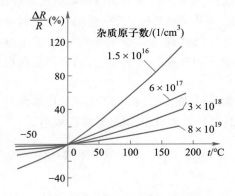

图 2-28　P 型硅半导体应变片的电阻-温度特性

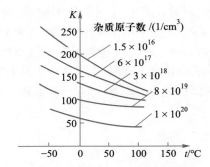

图 2-29　P 型硅半导体应变片灵敏系数-温度特征

2.3.2　压阻式压力传感器的结构

压阻式压力传感器由外壳、硅杯和引线所组成。如图 2-30 所示，其核心部分是一块方形的硅膜片。在硅膜片上，利用集成电路工艺制作了 4 个阻值相等的电阻。图中虚线圆内是承受压力区域。根据前述原理可知，R_2、R_4 所感受的是正应变（拉应变），R_1、R_3 所感受的是负应变（压应变），4 个电阻之间用面积较大、阻值较小的扩散电阻引线连接，构成全桥。硅片的表面用 SiO_2 薄膜加以保护，并用铝质导线做全桥的引线。因为硅膜片底部被加工成中间薄（用于产生应变）、周边厚（起支撑作用）的形状，所以又称为硅杯。硅杯在高温下用玻璃黏合剂粘贴在热胀冷缩系数相近的玻璃基板上。将硅杯和玻璃基板紧密地安装到壳体中，就制成了压阻式压力传感器。

当硅杯两侧存在压力差时，硅膜片产生变形，4 个应变电阻在应力的作用下阻值发生变化，电桥失去平衡，按照全桥的工作方式输出电压 U_0 与膜片两侧的压差 ΔP 成正比。

为了解决扩散硅电阻值随温度变化的缺点，制造厂在传感器的上部封装了一个陶瓷片，在陶瓷片上利用激光刻蚀技术制作了温度、非线性、增益补偿电阻,有效地克服了输出电压随温度变化的缺点。

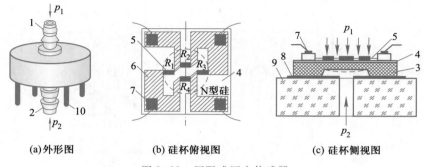

(a)外形图　(b)硅杯俯视图　(c)硅杯侧视图

图 2-30　压阻式压力传感器

1—高压进气口 P_1;2—低压进气口 P_2;3—硅杯;4—单晶硅膜片;5—扩散型应变片;
6—扩散电阻引线;7—电极及引线;8—玻璃黏合剂;9—玻璃基板;10—端子

由于半导体生产工艺的特点,一次制作的 4 个桥臂电阻阻值相同,温度特性相同。因此扩散硅压力传感器具有零点误差小,温度特性一致的优点。加入温度补偿电路后,具有很好的温度特性。扩散硅传感器的另一特点是压力变化引起承载压力的硅基片机械变形极小,因此具有回差小、重复性好、长期稳定性好等优点。这也是扩散硅压力变送器得以广泛应用的原因之一。

利用扩散硅压阻式元件构成的传感器可以测量绝对压力、表压力及差压。

2.3.3　固态压阻传感器测量电路

利用半导体扩散技术,将 P 型杂质扩散到一片 N 型底层上,形成一层极薄的电导 P 型层,装上引线接点后,即形成扩散型半导体应变片。若在圆形硅膜上扩散出 4 个 P 型电阻构成惠斯登电桥的 4 个桥臂,这样的敏感器件称为固态压阻器件。

1. 恒压源供电

假设 4 个扩散电阻的起始阻值都相等且为 R,当有应力作用时,两个电阻的阻值增加,增加量为 ΔR,两个电阻的阻值减小,减小量为 $-\Delta R$;另外由于温度影响,使每个电阻都有 ΔR_t 的变化量。根据图 2-31,电桥的输出为

$$u_0 = U \frac{\Delta R}{R+\Delta R_t}$$

上式说明电桥输出与 U 成正比,这是说电桥的输出与电源电压的大小、精度都有关。同时电桥输出 u_0 与 ΔR_t 有关,即与温度有关,而且与温度的关系是非线性的,所以用恒压源供电时,不能消除温度的影响。

2. 恒流源供电

由图 2-32 所示的恒流源供电时,假设电桥两个支路的电阻相等,即

$$R_{ABC} = R_{ADC} = 2(R+\Delta R)$$

故有

$$I_{ABC} = I_{ADC} = \frac{I}{2}$$

因此电阻的输出为

$$u_0 = u_{BD} = \frac{1}{2}I(R+\Delta R+\Delta R_t) - \frac{1}{2}I(R-\Delta R+\Delta R_t)$$

整理后得 $$u_0 = I\Delta R$$

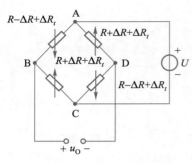

图 2-31　恒压源供电

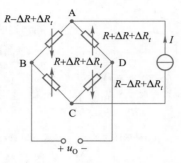

图 2-32　恒流源供电

　　电桥的输出与电阻的变化量成正比,即与被测量成正比,也与电源电流成正比,即输出与恒流源供给的电流大小、精度有关。但是电桥的输出与温度无关,不受温度影响,这是恒流源供电的优点。恒流源供电时,一个传感器最好配备一个恒流源。

3. 放大电路

　　压阻式传感器一般输出信号较小,需要用放大电路放大。图 2-33 是一个压阻式传感器常用的放大电路,它由 A_1、A_2、A_3 和 A_4 四个运算放大器组成,其中 A_4 是一个恒流源电路,A_1 和 A_2 为两个同相输入的放大器,A_3 是一个差分放大器。这种 IC 运算放大器输入阻抗高,放大倍数调节方便,是一种常用的典型放大电路。

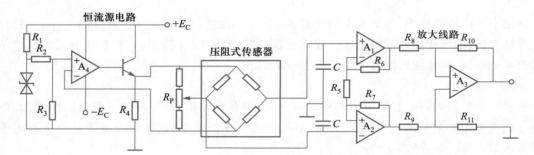

图 2-33　压阻式传感器放大电路

2.3.4　压阻器件的温度补偿

　　压阻器件本身受到温度影响后,要产生零点温度漂移和灵敏度温度漂移,因此必须采用温度补偿措施。

1. 零点温度补偿

　　零点温度漂移是由于 4 个扩散电阻值及它们的温度系数不一致而造成的,一般用串、并联电阻法来补偿,如图 2-34 所示。在图 2-34 中 R_s 是串联电阻,R_P 是并联电阻。串联电阻主要起调零作用,并联电阻主要起补偿作用,其补偿原理为:由于零点漂移导致 B、D 两点电位不等,当温度升高时,由于 R_2 的增加较大,使 D 点电位低于 B 点,则形成 B、D 两点有电位差,即为零点温度漂移。要消除 B、D 两点的电位差,最简单的方法是在 R_2 上并联一个温度系数为负的、阻值较大的电阻 R_P,用来约束 R_2 的变化。这样,当温度变化时,可减小 B、D 点之间的电位差,以达到补偿的目的。当然在 R_4 上并联一个温度系数为正、阻值较大的电阻进行补偿,其作用是一样的。

2. 灵敏系数温度补偿

灵敏系数温度漂移是由压阻系数随温度的变化而引起的。当温度上升时,压阻系数变小;温度降低时,压阻系数变大,说明传感器的温度系数为负值。

补偿灵敏系数的温漂,可以用在电源回路中串联二极管的方法。当温度升高时,由于灵敏系数降低,使输出也降低,这时如果能提高电桥的电源电压,使电桥输出适当增大,便可达到补偿目的。反之,温度降低时,灵敏系数升高,如果使电桥电源降低,就能使电桥输出适当减小,同样可达到补偿之目的。因为二极管的温度特性为负值,温度每升高 1 ℃时,正向压降减小 $1.9 \sim 2.4$ mV。这样将适当数量的二极管串联在电桥的电源回路中(如

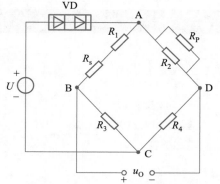

图 2-34 温度漂移的补偿

图 2-34 所示),电源采用恒压源,当温度升高时二极管正向压降减小,于是电桥电压增大,使输出也增大,只要计算出所需二极管的个数,将其串入电桥电源回路中,便可达到补偿的目的。

2.3.5 拓展实训 制作简易电子秤

1. 实训目的

认识金属箔式应变片,了解电阻式传感器的工作过程。

根据测量桥电路组装电子秤,观察传感器(刮胡刀片、金属箔式应变片和导线)由试件(刮胡刀片)弯曲产生电阻变化的一系列过程,从而加深对电阻式传感器的构成和工作原理的理解。电子秤不仅能快速、准确地称出商品的重量,用数码显示出来,而且具有计算器的功能,使用起来更加方便。

2. 制作方案

电子秤由传力机构、传感器、测量显示器和电源组成。传力机构是将被称重物的重力传递到传感器。传感器由刮胡刀片、金属箔式电阻应变片和导线等组成。

由于电阻应变片工作时电阻变化范围很小,相对变化量仅为±0.1%,常用桥式电路来测量这微小的电阻值变化,图 2-35 为电子秤电桥测量实验电路。左边相邻臂 R_1、R_3 分别为刮胡刀片上、下面粘贴的金属箔式应变片,当刮胡刀片在向下拉力作用下发生弯曲时,凸面粘贴的应变片被拉长,电阻值增加,凹面粘贴的应变片则被压缩,电阻值减小,这种应变片使用方法不仅使电桥输出电压增加一倍,还具有温度补偿作用。电桥测量电路右边

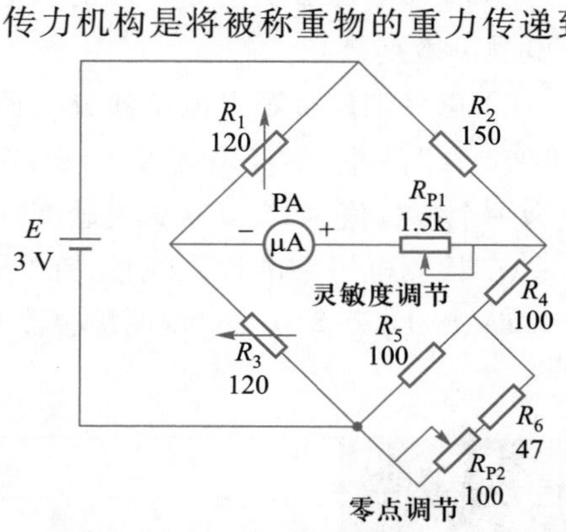

图 2-35 电子秤电桥测量实验电路

的两个相邻臂分别为电阻器 R_2 和电桥平衡零点调节电路,后者由电阻器 R_4、R_5、R_6 和零点调节电位器 R_{P2} 混联而成。调节 R_{P2} 时,其等效电阻值变化范围为 $125 \sim 160$ Ω,可以实现电桥平衡精

密调节。电桥检测部分由数字微安表(PA)和灵敏度调节电位器 R_{P1} 串联而成。电桥电路采用直流电源 E 供电,电压为 3 V,电桥输出小于 9 mV 时,传感器称重线性良好。

3. 操作步骤

主要实验器材如表 2-6 所示。

表 2-6　主要实验器材

名称	参数	数量	名称	参数	数量
铁架台、烧瓶夹		1 副	检测面板数字微安表(PA)	量程 199.9 μA	1
刮胡刀片		若干	直流电源	3 V/6 V	各 1 个
透明塑料杯		若干	电阻	150 Ω	1
502 胶水		1	电阻	100 Ω	2
金属箔式应变片	120 Ω	2	电阻	47 Ω	1
细塑料套管		若干	电位器	1.5 kΩ	1
棉纱线		若干	电位器	100 Ω	1
砝码	5~20 g	若干	导线		若干

① 金属箔式应变片(120Ω)的两条金属引出线分别套上细塑料套管,用 502 胶水把两片应变片分别粘贴在刮胡刀片(1/2 片)正、反面的中心位置上,要求胶水要涂得均匀且薄,多用反而不好。注意防止将应变片的引线也粘贴在刀片上。敏感栅的纵轴应与刀片纵向一致。传感器的装配侧视图如图 2-36 所示。

图 2-36　传感器的装配侧视图

② 安装好铁架台,并用烧瓶夹固定住刮胡刀片传感头根部及上面的引线,另一端悬空,吊挂好用棉纱线及透明塑料杯制成的"吊斗"。

③ 按图 2-35 连接好电路。

④ 接通电源 E 并稳定一段时间后,将灵敏度调节电位器 R_{P1} 的电阻值逐渐调至最小,此时电桥检测灵敏度最高。

⑤ 再仔细调节零点电位器 R_{P2},使数字微安表(PA)的读数恰好为零,此时电桥平衡。

⑥ 在"吊斗"中轻轻放入 20 g 砝码,调节灵敏度电位器 R_{P1},使检测面板数字微安表(PA)读数为一个整数值,如 2.0 μA,灵敏度标定为 0.1 μA/g。

⑦ 检测电子秤的称量线性,在"吊斗"内继续放入多个 20 g 砝码,检测面板 PA 分别显示 4.0 μA、6.0 μA、8.0 μA,说明传感器测力线性好。将称重砝码总质量与电流的关系填入表 2-7。

表 2-7　质量与电流关系

砝码重/g					
电流/μA					

⑧ 若电子秤实验电路灵敏度达不到 0.1 μA/g,则将电桥的供电电压提升到 4.5~6 V,可大大增加其灵敏度。

本章小结 ▪▪▪▪▪▪

　　电位器式传感器是一种将机械位移转换成电信号的机电转换元件,既可作变阻器用,又可作分压器用。

　　应变式电阻传感器是目前用于测量力、力矩、压力、加速度、质量等参数最广泛的传感器之一。它是基于电阻应变效应制造的一种测量微小机械变量的传感器。

　　电阻应变片由敏感栅、基底(基片)、覆盖层和引线等部分组成,敏感栅是应变片的核心部分。金属电阻应变片有丝式、箔式和薄膜式三种类型。电阻应变片的工作原理基于应变效应。导电材料因变形而引起电阻变化的现象称为应变效应。

　　金属材料受力后的电阻变化主要由尺寸变化决定,而半导体材料受力后的电阻变化主要由电阻率变化决定。电阻应变片常用的测量电路有单臂电桥、双臂半桥和全桥三种。

　　由于环境温度带来的误差称为应变片的温度误差,又称热输出。温度误差主要是由于电阻材料的阻值随着温度的变化而引起,另外,应变片与试件不能随温度的变化而同步变形也会产生附加形变。可采用自补偿法或桥路补偿法来补偿温度误差。应变式电阻传感器采用测量电桥,把应变电阻的变化转换成电压或电流变化。应变片的温度补偿不可忽略。

　　压阻式传感器是利用硅的压阻效应和微电子技术制成的压阻式传感器,具有灵敏度高、动态响应好、精度高、易于微型化和集成化等特点,是获得广泛应用而且发展非常迅速的一种传感器。

思考题及习题 ▪▪▪▪▪▪

　　1. 应变片是由哪几部分组成的? 其核心部分是什么?

　　2. 什么叫应变效应? 利用应变效应解释金属电阻应变片工作原理。

　　3. 为什么应变式传感器大多采用交流不平衡电桥为测量电路? 该电桥为什么又都采用半桥和全桥两种方式?

　　4. 应变片在使用时,为什么会产生温度误差? 如何减小它?

　　5. 在等强度的悬臂梁上粘贴 4 个完全相同的电阻应变片组成差动全桥电路,应如何贴片(画出示意图)? 如何接桥(画出示意图)?

　　6. 何谓半导体的压阻效应? 扩散硅传感器结构有什么特点?

　　7. 有一金属电阻应变片,其灵敏系数为 $K=2.0$,初始电阻值为 120 Ω,将应变片粘贴在悬臂梁上,悬臂梁受力后,使应变片阻值增加了 1.2 Ω。问:悬臂梁感受到的应变为多少?

　　8. 电阻应变片的灵敏系数 $K=2$,沿纵向粘贴于直径为 0.05 m 的圆形钢柱表面,钢材的 $E=2\times10^{11}$ N/m²,$\mu=0.3$。求钢柱受 10 t 拉力作用时,应变片电阻的相对变化量。又若应变片沿钢柱圆周方向粘贴,受同样拉力作用时,应变片电阻的相对变化量为多少?

　　9. 图 2-37(a)所示为测量吊车起吊物质量的拉力传感器。电阻应变片 R_1、R_2、R_3、R_4 贴在等截面轴上。已知轴的截面积为 0.001 96 m²,弹性模量 $E=2.0\times10^{11}$ N/m²,泊松比为 0.3,R_1、R_2、R_3、R_4 标称值均为 120 Ω,灵敏系数为 2.0,它们组成全桥如图 2-37(b)所示,桥路电压为 2 V,测得输出电压为 2.6 mV,求:

　　(1) 等截面轴的纵向应变及横向应变;

　　(2) 重物 m 有多少吨?

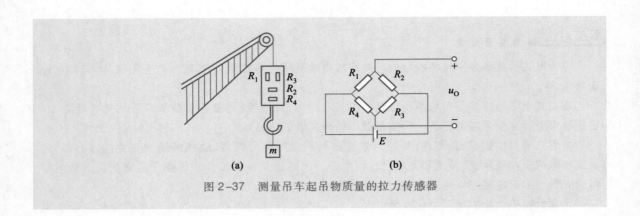

图 2-37   测量吊车起吊物质量的拉力传感器

掌握自感式、差动变压器式、电涡流式三种电感式传感器的基本结构和工作原理；了解三种电感式传感器将非电量信号转换成电信号的过程及各自特点和应用范围。

知识目标

- 了解电感式传感器的构成、分类、工作原理、输出特性及应用。
- 了解自感式传感器的分类。
- 了解变间隙型、变面积型和螺管型电感式传感器的结构、特点和工作原理。
- 了解自感式传感器的主要测量电路。
- 了解差动变压器式传感器的结构与工作原理。
- 了解涡流效应和电涡流式传感器的工作原理。
- 了解电涡流式传感器的结构、特点和工作原理。

技能目标

- 能够识别各类电感式传感器。
- 能使用变间隙型电感传感器测压力。
- 能对差动变压器式传感器进行调试。
- 能利用差动变压器式传感器进行振动测量、位移测量和压力测量。

电感式传感器（inductance type transducer）是利用自感或互感的改变来实现测量的一种装置，可以测量位移、压力、振动、流量、比重等参数。电感式传感器可分为自感式、差动变压器式和电涡流式三种类型。

电感式传感器的核心部分是可变的自感或互感，在将被测量转换成线圈自感或互感的变化时，一般要利用磁场作为媒介或利用铁磁体的某些现象。这类传感器的主要特征是具有电感器。

习惯上讲的电感式传感器通常指自感式传感器（变磁阻式，reluctance variation sensor），而互感式传感器由于利用变压器原理，又往往做成差动式，故称为差动变压器式传感器（linear variable differential transformers，LVDT）。此外，利用涡流原理的电涡流式传感器（eddy current sensor）、利用材料压敏效应（piezo effect）的压磁式传感器、利用面绕组互感原理的感应同步器（inductosyn）等，亦属电感式传感器。

电感式传感器与其他传感器相比较有如下几个特点：

① 结构简单，工作中没有活动电接触点，因而工作可靠，寿命长。

② 灵敏度和分辨率高，能测出 0.01 μm 甚至更小的机械位移，能感受小至 0.1 rad/s 的微小角度变化。输出信号强，电压灵敏度高，一般每毫米的位移可达数百毫伏的输出。

③ 测量范围宽，线性度和重复性都比较好，并且比较稳定，在一定位移范围（几十微米至数毫

米)内,传感器非线性误差可达 0.05% ~0.1%。

④ 主要缺点是频率响应差、存在交流零位信号,不适于高频动态测量。

3.1   自感式传感器

3.1.1   自感式传感器的工作原理

自感式传感器可分为变间隙型、变面积型、螺管型三种类型。

1. 变间隙型电感传感器

变间隙型电感传感器的结构如图 3-1 所示。它由线圈、铁心和衔铁三部分组成。铁心和衔铁由导磁材料如硅钢片或坡莫合金制成,在铁心和衔铁之间有气隙,气隙厚度为 δ,工作时可动衔铁与被测物体连接,被测物体的位移导致可动衔铁上、下(或左、右)移动。当衔铁移动时,气隙厚度 δ 发生改变,引起磁路中磁阻变化,从而导致电感线圈的电感值变化。因此只要测出这种电感量的变化,就能确定衔铁位移量的大小和方向。

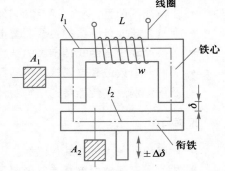

图 3-1   变间隙型电感传感器

线圈的电感量可用公式 $L = N^2/R_m$ 计算。式中,N 为线圈匝数;R_m 为磁路总磁阻。对于变间隙型电感传感器,如果忽略磁路铁损,则磁路总磁阻为

$$R_m = \frac{l_1}{\mu_1 A_1} + \frac{l_2}{\mu_2 A_2} + \frac{2\delta}{\mu_0 A_0} \tag{3-1}$$

式中 l_1——磁通通过铁心的长度;

l_2——磁通通过衔铁的长度;

A_1——铁心的截面积;

A_2——衔铁的截面积;

A_0——气隙的截面积;

μ_1——铁心磁导率;

μ_2——衔铁磁导率;

μ_0——空气磁导率;

δ——气隙厚度。

一般情况下,导磁体的磁阻与空气隙磁阻相比是很小的,可忽略,因此线圈的电感值可近似地表示为

$$L = \frac{N^2 \mu_0 A_0}{2\delta} \tag{3-2}$$

2. 变面积型电感传感器

变面积型电感传感器的结构如图 3-2 所示,由图可以看出线圈的电感量与式(3-2)相同,也为

$$L = \frac{N^2 \mu_0 A_0}{2\delta}$$

传感器工作时,当气隙厚度保持不变,而铁心与衔铁之间的相对覆盖面积(即磁通截面)因被测量的变化而改变时,将导致电感量发生变化。这种类型的自感式传感器称为变面积型电感传感器。通过公式可知线圈电感量与截面积成正比,是一种线性关系。

3. 螺管型电感传感器

螺管型电感传感器的结构如图3-3所示。当传感器的衔铁随被测对象移动时,将引起线圈磁感线路径上的磁阻发生变化,从而导致线圈电感量随之变化。线圈电感量的大小与衔铁插入线圈的深度有关。根据物理计算,线圈的电感量 L 与衔铁进入线圈的长度 l_a 的关系可表示为

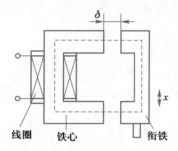

图3-2 变面积型电感传感器

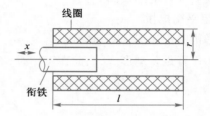

图3-3 螺管型电感传感器

$$L = \frac{4\pi^2 N^2}{l^2}\left[lr^2 + (\mu_m - 1) l_a r_a^2 \right] \tag{3-3}$$

式中 L——线圈的电感量;

     l——线圈长度;

     l_a——衔铁进入线圈的长度;

     r——线圈的平均半径;

     r_a——衔铁的半径;

     N——线圈的匝数;

     μ_m——铁心的有效磁导率。

通过对上述三种自感式传感器的分析,可以得出以下几点结论:

① 变间隙型电感传感器灵敏度较高,但非线性误差较大,且制作装配比较困难。

② 变面积型电感传感器灵敏度比变间隙型低,但线性较好,量程较大,使用比较广泛。

③ 螺管型电感传感器灵敏度较低,但量程大、结构简单且易于制作和批量生产,常用于测量精度要求不太高的场合。

在实际使用中,常采用两个相同的传感器线圈共用一个衔铁,构成差动式电感传感器,这样可以提高传感器的灵敏度,减小测量误差。结构如图3-4所示。

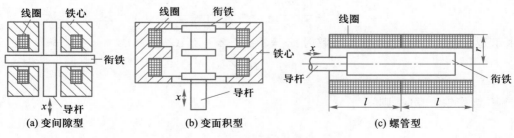

图3-4 差动式电感传感器

　　差动式电感传感器要求两个导磁体的几何尺寸和材料完全相同,两个线圈的电气参数和几何尺寸完全相同。差动式结构除了可以改善线性、提高灵敏度外,对温度变化、电源频率变化等影响也可以进行补偿,从而减少了外界影响造成的误差。

3.1.2　自感式传感器的测量电路

　　交流电桥是自感式传感器的主要测量电路,它的作用是将线圈电感的变化转换成电桥电路的电压或电流输出。因为差动式结构可以提高灵敏度、改善线性,所以交流电桥也多采用双臂工作形式。通常将传感器作为电桥的两个工作臂,电桥的平衡臂可以是纯电阻,也可以是变压器的二次绕组或紧耦合电感线圈。

1. 电阻平衡电桥

　　电阻平衡电桥如图 3-5(a)所示。Z_1、Z_2 为传感器阻抗,$Z_1 = Z_2 = Z = R + j\omega L$,另有 $R_1 = R_2 = R$。由于电桥工作臂是差动形式,因此在工作时,$Z_1 = Z + \Delta Z$ 和 $Z_2 = Z - \Delta Z$,电桥的输出电压为

$$\dot{U}_\text{o} = \dot{U}_\text{dc} = \frac{Z_1 \dot{U}}{Z_1 + Z_2} - \frac{R_1 \dot{U}}{R_1 + R_2} = \frac{\dot{U} \Delta Z}{2Z} \tag{3-4}$$

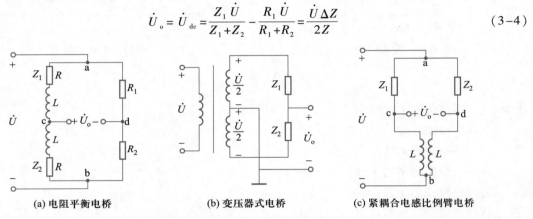

(a) 电阻平衡电桥　　　　　(b) 变压器式电桥　　　　　(c) 紧耦合电感比例臂电桥

图 3-5　自感式传感器的测量电路

当 $\omega L \gg R$ 时,上式可写为

$$\dot{U}_\text{o} = \frac{\dot{U} \Delta L}{2L} \tag{3-5}$$

由式(3-5)可以看出,交流电桥的输出电压与传感器线圈电感的相对变化量成正比。

2. 变压器式电桥

　　变压器式电桥如图 3-5(b)所示。它的平衡臂为变压器的二次绕组,当负载阻抗无穷大时,输出电压为

$$\dot{U}_\text{o} = \frac{\dot{U} Z_2}{Z_1 + Z_2} - \frac{\dot{U}}{2} = \frac{\dot{U}}{2} \cdot \frac{Z_2 - Z_1}{Z_1 + Z_2} \tag{3-6}$$

由于是双管工作形式,当衔铁下移时,$Z_1 = Z - \Delta Z$,$Z_2 = Z + \Delta Z$,则

$$\dot{U}_\text{o} = \frac{\dot{U} \Delta Z}{2Z}$$

同理,当衔铁上移时,则

$$\dot{U}_\text{o} = -\frac{\dot{U} \Delta Z}{2Z}$$

可见,衔铁上移和下移时,输出电压相位相反,且随 ΔZ 的变化,输出电压也相应地改变。因此,这种电路可判别位移的大小和方向。

3. 紧耦合电感比例臂电桥

它由差动形式工作的传感器的两个阻抗作为电桥的工作臂,而紧耦合的两个电感作为固定臂,从而组成了电桥电路,如图 3-5(c)所示。

该电桥电路的优点是,与输出端并联的任何分布电容对平衡时的输出毫无影响。这就使桥路平衡稳定,简化了桥路接地和屏蔽的问题,大大改善了电路的零稳定性。

3.1.3　技术应用　变间隙型电感压力传感器测压力

变间隙型电感压力传感器的结构如图 3-6 所示。它由膜盒、铁心、衔铁及线圈等组成,衔铁与膜盒的上端连在一起。当压力进入膜盒时,膜盒的顶端在压力 P 的作用下产生与压力 P 大小成正比的位移。于是衔铁也发生移动,从而使气隙发生变化,流过线圈的电流也发生相应的变化,电流表指示值就反映了被测压力的大小。

图 3-7 所示为变间隙型差动式电感压力传感器。它主要由 C 形弹簧管、衔铁、铁心和线圈等组成。当被测压力进入 C 形弹簧管时,C 形弹簧管产生变形,其自由端发生位移,带动与自由端连接成一体的衔铁运动,使线圈 1 和线圈 2 中的电感发生大小相等、符号相反的变化,即一个电感量增大,另一个电感量减小。电感的这种变化通过电桥电路转换成电压输出。由于输出电压与被测压力之间成比例关系,所以只要用检测仪表测量出输出电压,即可得知被测压力的大小。

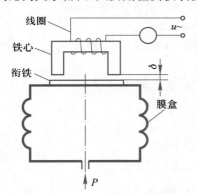

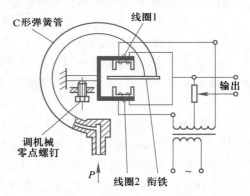

图 3-6　变间隙型电感压力传感器　　　　图 3-7　变间隙型差动式电感压力传感器

3.2 差动变压器式传感器

在机械系统中,往往需要对各种机械量进行测量。由于许多机械量能够变换成位移,因此选用适当的位移传感器就能测量出许多机械量。差动变压器式传感器就能将机械位移转换成与它成比例的电压或电流信号,从而可用来测量线位移或角位移。

3.2.1　差动变压器式传感器的结构与工作原理

差动变压器式传感器的结构如图 3-8(a)所示,主要包括可自由移动的可动铁心、一次绕组和二次绕组等。图 3-8(b)所示为差动变压器式传感器的工作原理。

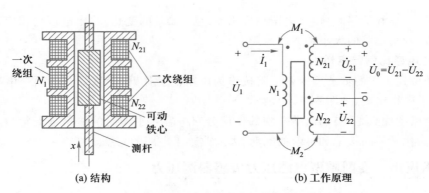

(a) 结构　　　　　　　　　　(b) 工作原理

图 3-8　差动变压器式传感器的结构与工作原理

　　差动变压器式传感器工作原理的实质就是变压器的工作原理。一二次绕组间的互感能量随可动铁心的移动而变化。使用时,铁心的一端与被测物体连接,当被测物体移动时,铁心也被带动在一二次绕组间移动,改变其空间磁场分布,从而改变一二次绕组之间的互感量 M。当一次绕组供给一定频率的交变电压时,二次绕组就产生了感应电动势,随着铁心的位置不同,二次侧产生的感应电动势也不同。于是铁心的位移量就变成了电压量输出。

　　为了提高传感器的灵敏度,改善其线性度,通常将两个二次绕组反向串联,两个二次绕组输出电压的极性正好相反,以差动方式输出,因此称其为差动变压器式传感器,简称差动变压器。差动变压器输出电压之和其实为两个二次绕组电压之差,如图 3-8(b) 所示,即

$$U_0 = U_{21} - U_{22} = K(M_1 - M_2) = K\Delta M \qquad (3-7)$$

式中　K——差动变压器的灵敏度,是与差动变压器的结构、材料和一次绕组的电流频率等有关的物理量,在线性范围内可近似看作常量;

　　　　ΔM——绕组互感增量,与可动铁心位移量 x 基本成正比关系,即

$$U_0 \approx Kx \qquad (3-8)$$

①　当可动铁心位于绕组的中心位置时,$U_{21} = U_{22}$,$U_0 = 0$。

②　当可动铁心向上移动时,M_1 大,M_2 小,$U_{21} > U_{22}$,$U_0 > 0$。

③　当可动铁心向下移动时,M_1 小,M_2 大,$U_{21} < U_{22}$,$U_0 < 0$。

　　由上可知,当铁心偏离中心位置时,输出电压 U_0 大小和相位发生改变。因此,测量输出电压的大小和相位就能知道铁心移动的距离和方向。

　　差动变压器式传感器的输出电压曲线如图 3-9 所示。图中零点残余电压 U_T 与变压器绕组的几何尺寸或电气参数不对称、电源电压含有高次谐波、线圈自身具有的寄生电容以及与外壳、铁心间存在的分布电容与传感器具有铁损等有关。

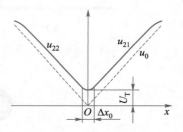

图 3-9　差动变压器式
传感器输出电压曲线

3.2.2　差动变压器式传感器的应用领域

　　差动变压器式传感器将直线移动的各种机械量转变成相应的电压量或电流量,用于位移的自动测量和自动控制,也可测量预先被变成位移的各种物理量,如伸缩、膨胀、差压、振动、应变、流量、厚度、重量、加速度等,广泛应用于机械、电力、航空航天、冶金、交通、轻工、纺织、水利等行业的自动测量与自动控制。

1. 压力测试

图3-10是YST-1型差动压力变送器,它适用于测量生产中液体、水蒸气及气体的压力。在无压力($P=0$)时,固定在波纹膜盒中心的可动铁心位于差动变压器的初始平衡位置,即保证传感器输出电压为零。当被测压力P由压力输入接头输入到波纹膜盒中心时,膜盒的自由端面(图中上端面)便产生一个与P成正比的位移,且带动可动铁心在垂直方向向上移动,差动压力变送器则输出与被测压力成正比的电压,该电压经测量电路处理后,送给二次仪表加以显示。

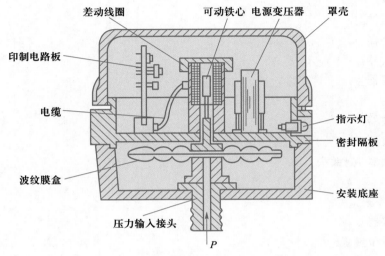

图3-10　YST-1型差动压力变送器

2. 振动和加速度的测量

图3-11所示为差动变压器式振动(加速度)传感器的原理图。它由悬臂梁和差动变压器构成。测量时,将悬臂梁底座及差动变压器的线圈骨架固定,将可动铁心的A端与被测振动物体相连接,此时传感器作为振动(加速度)测量中的惯性元件,它的位移与被测加速度成正比,使加速度测量转变为位移测量。当被测物体带动可动铁心以$\Delta x(t)$振动时,其位移大小反映了振动的幅度和频率以及加速度的大小,其输出电压也按相同的规律变化。

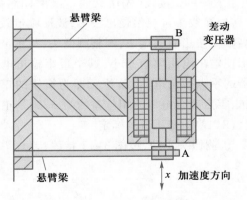

图3-11　差动变压器式振动
(加速度)传感器的原理图

3.2.3　实训操作1　差动变压器式传感器调试与振动测量

1. 实训目的

① 了解差动变压器式传感器的基本结构及工作原理。

② 掌握差动变压器同名端的确定。

③ 掌握差动变压器式传感器测试系统的组成及标定方法。

④ 掌握振动测量的方法。

2. 实训原理

差动变压器的基本元件有衔铁、一次线圈、二次线圈、线圈骨架等。一次线圈作为差动变压器的激励,而二次线圈由两个结构、尺寸和参数相同的线圈反相串接而成。其工作原理建立在互感变化的基础上。

差动变压器式传感器标定的含义是:通过实际操作建立传感器输出量和输入量之间的关系,同时可确定出不同条件下的误差关系。

3. 实训设备

① 差动变压器。

② 音频振荡器。

③ 差动放大器。

④ 低频振荡器。

⑤ 移相器。

⑥ 相敏检波器。

⑦ 低通滤波器。

⑧ 螺旋测微器(测微头)。

⑨ 振动台。

⑩ 电压/频率表。

⑪ 双踪示波器。

4. 实训方法和步骤

(1) 差动变压器二次线圈同名端的确定

按图 3-12 接线(先任意假定线圈同名端),松开测微头,从示波器的第二通道观察输出波形,转换接线头再观察输出波形,波形幅值较小的一端应为同名端。按正确的接法,调整测微头,从示波器上观察输出波形使输出电压幅值最小,这个最小输出电压即为差动变压器的零点残余电压,该位置即为衔铁的正中位置。可以看出,零点残余电压的相位差约为 $\pi/2$,是正交分量。

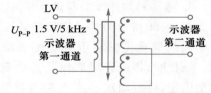

图 3-12　差动变压器同名端接线图

(2) 差动变压器的标定

① 测微头不动,按图 3-13 接线;差放增益 100 倍。

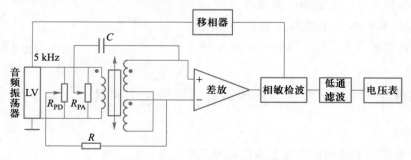

图 3-13　差动变压器标定系统图

② 调节 R_{PD}、R_{PA} 使系统输出为零。

③ 用测微头调节振动台,变化为 ±2.5 mm 左右,并调整移相器,使输出达最大值,若不对称

可再调节平衡电位器、移相器使输出基本对称。

④ 旋动测微头,每旋一周(0.5 mm)记录一次实训数据,并填入表3-1中(总共±2.5 mm);作出 U-x 曲线,求出灵敏度。

表3-1　测量数据1

x/mm	-2.5	-2.0	-1.5	-1.0	-0.5	0	0.5	1.0	1.5	2.0	2.5
U/V											

（3）振动测量

① 将测微头退出振动台。

② 利用位移测量线路调整好有关信号参数。

③ 音频振荡器输出峰-峰值为 1.5 V。

④ 将低频振荡器输出接到激振器上,给振动梁加一个频率为 f 的交变力,使振动梁上下振动。

⑤ 保持低频振荡器的幅值不变,改变激振频率,用示波器观察低通滤波器的输出,读出峰-峰值,记下实训数据,填入表3-2中。

表3-2　测量数据2

f/Hz	3	5	7	9	11	13	15	20	30
U_{P-P}/V									

根据操作结果,作出振动梁的幅频特性曲线,并分析自振频率的大致范围。

5. 注意事项

① 正式操作前,一定要认真熟悉所用设备、仪器的使用方法。

② 在用振动台做差动变压器式电感传感器性能测试及标定时,一定要把测微头拿掉(或移开),防止振动时发生意外。

3.2.4　实训操作2　差动变压器式传感器位移测量

1. 实训目的

① 熟悉用 CST-LV-DA 型差动变压器式传感器测量位移的方法。

② 总结差动变压器式传感器位移 x 与输出电压的关系。

2. 实训原理

图3-14所示为 CST-LV-DA 型差动变压器式传感器的结构,电路采用微电子技术,与检测头一起整体封装在不锈钢或工程塑料壳体内,检测头为硬质合金半圆形,采用 DC 12V 供电,输出信号为标准的 0~5V 电压或 4~20mA 电流。使用时将传感器壳体固定,检测头与被测物连接,可以刚性连接(非回弹式),也可依靠传感器内置的复位弹簧顶在被测物上(回弹式)。外形尺寸上,回弹式比非回弹式多一个导向管长度。

图3-15所示为 CST-LV-DA 型差动变压器式传感器的接线图。它采用五芯屏蔽电缆中的三芯(+12V、-12V、0V)供电,另两芯为信号输出,可直接接二次仪表。根据情况选用正或负电源供电以及二次仪表或设备,选用高或低输出信号。

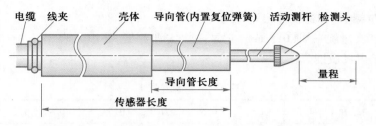

图 3-14   CST-LV-DA 型差动变压器式传感器的结构

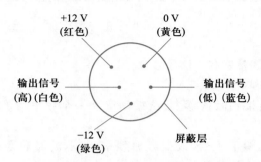

图 3-15   CST-LV-DA 型差动变压器式传感器的接线图

3. 实训设备

实训设备如表 3-3 所示。

表 3-3   实 训 设 备

名　称	型号或参数	数量	名　称	型号或参数	数量
差动变压器式传感器	CST-LV-DA	1	数字万用表	DT890	1
钢尺		1	可调稳压电源	0~24V	1

4. 实训方法和步骤

① 选择正电源(+12 V)供电、输出高信号方式。

② 用手轻轻推动检测头移动一段位移,用钢尺测量位移,用数字万用表测量输出电压。

③ 松开手后,让检测头自动回原位,观察回原位过程中万用表显示的电压变化情况,将测量数据填入表 3-4 中,并总结位移 x 与输出电压 U_0 的关系。需要注意的是,推动检测头时不可超过行程,否则会造成较大的测量误差且易损坏传感器。

表 3-4   差动变压器式传感器的位移变化与输出电压数据记录表

位移 x/mm						
电压 U_0/V						

 3.3 电涡流式传感器

电涡流式传感器是基于电涡流效应原理制成的传感器。电涡流式传感器不但具有测量范围大、灵敏度高、抗干扰能力强、不受油污等介质影响、结构简单、安装方便等特点,而且还具有非接触测量的优点,因此可广泛应用于工业生产和科学研究的各个领域。

3.3.1 电涡流式传感器的工作原理

1. 涡流效应

金属导体置于变化的磁场中,导体内就会产生感应电流,这种电流像水中漩涡那样在导体内转圈,所以称之为电涡流或涡流,这种现象就称为涡流效应。电涡流的产生必然要消耗一部分磁场能量,从而使产生磁场的线圈阻抗发生变化。穿过闭合导体的磁通发生变化,就会产生感应电流,其方向可用右手定则确定。因此,一个绕组中的电流发生变化就会在相邻其他绕组中感应出电动势,称为互感。

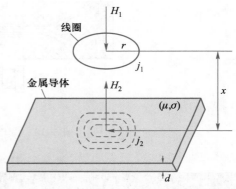

图 3-16 电涡流作用原理图

电涡流式传感器主要由产生交变磁场的通电线圈和置于线圈附近处于交变磁场中的金属导体两部分组成,金属导体也可以是被测物体本身。

电涡流式传感器是一个绕在骨架上的导线所构成的空心绕组,它与正弦交流电源接通,通过绕组的电流会在绕组周围空间产生交变磁场。当导电的金属靠近这个绕组时,金属导体中便会产生电涡流,如图 3-16 所示。涡流的大小与金属导体的电阻率 ρ、磁导率 μ、厚度 d、绕组与金属导体的距离 x、绕组励磁电流的角频率 ω 等参数有关。如果固定其中某些参数,就能由电涡流的大小测量出另外一些参数。

由电涡流所造成的能量损耗将使绕组电阻有功分量增加,由电涡流产生反磁场的去磁作用将使绕组电感量减小,从而引起绕组等效阻抗 Z 及等效品质因数 Q 值的变化。所以凡是能引起电涡流变化的非电量,例如金属的电导率、磁导率、几何形状、绕组与导体的距离等,均可通过测量绕组的等效电阻 R、等效电感 L、等效阻抗 Z 及等效品质因数 Q 来测量。

扩展学习
电涡流式接近开关的应用

人们日常生活中使用的电磁炉就是利用涡流效应工作的,它将工频交流电通过内部电路转换成高频交流电流,高频交流电流通过励磁线圈,产生交变磁场,在铁质锅底产生无数的电涡流,使锅底自行发热,烧开锅内食物。

2. 电涡流式接近开关

在实际的制造工业流水线上,电涡流(电感)式接近开关有着较为广泛的应用,其示意图如图 3-17 所示。电涡流式接近开关固定在支架上,工件在传送带上依次自左向右运动,当工件进入接近开关的额定动作距离范围内之后,接近开关动作,内部晶体管导通,动合触点闭合,动断触点断开。

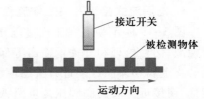

图 3-17 电涡流式接近开关示意图

接近开关动作可以触发别的机械动作或程序处理,从而对工件进行统计、加工、分类等。

电涡流式接近开关不与被测物体接触,依靠电磁场变化来检测,大大提高了检测的可靠性,也保证了电涡流式接近开关的使用寿命。所以,该类型的接近开关在制造工业中广泛使用。

3.3.2　电涡流式传感器的结构

电涡流式传感器的结构主要是一个绕制在框架上的绕组,目前使用比较普遍的是矩形截面的扁平绕组。绕组的导线应选用电阻率小的材料,一般采用高强度漆包铜线,如果要求高一些可用银线或银合金线,在高温条件下使用时可用铼钨合金线。对绕组框架要求用损耗小、电性能好、热膨胀系数小的材料,一般可选用聚四氟乙烯、高频陶瓷、环氧玻璃纤维等。

图 3-18 为 CZF1 型电涡流式传感器的结构图,它是通过把导线绕制在框架上形成的,框架采用聚四氟乙烯,CZF1 型电涡流式传感器的性能如表 3-5 所示。

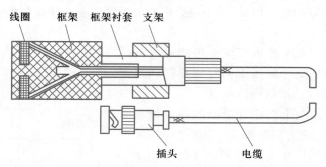

图 3-18　CZF1 型电涡流式传感器的结构图

表 3-5　CZF1 型电涡流式传感器的性能

型号	线性范围/μm	线圈外径/mm	分辨率/μm	线性误差(%)	使用温度范围/℃
CZF1-1000	1 000	7	1	<3	-15~80
CZF1-3000	3 000	15	3	<3	-15~80
CZF1-5000	5 000	28	5	<3	-15~80

这种传感器的线圈与被测金属之间是磁性耦合的,并利用这种耦合程度的变化作为测试值,无论是被测体的物理性质,还是它的尺寸和形状都与测量装置的特性有关。作为传感器的线圈装置仅为实际传感器的一半,而另一半是被测物体,所以,在电涡流式传感器的设计和使用中,必须同时考虑被测物体的物理性质、几何形状及尺寸。

3.3.3　产品示例　电涡流式接近开关

1. 电涡流式接近开关工作流程

图 3-19 所示为电涡流式接近开关的工作流程框图,它由磁体内感应线圈、高频振荡电路、整形检波、信号处理和开关量输出等部分组成,接通电源后,感应线圈形成固定频率的交变振荡磁场。当金属物体靠近接近开关感应线圈达到动作距离时,金属物体内产生涡流,吸收感应线圈的能量,使接近开关的高频振荡电路振荡能力衰减而停振,开关的状态发生变化,从而识别出金属物体。

2. 电涡流式接近开关的专业术语和技术参数

电涡流式接近开关的专业术语和技术参数如下:

① 动作距离:检测物体按照一定的方式移动时,从接近开关的检测表面到开关动作时的基准位置的空间距离。

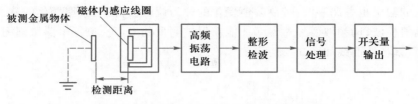

图 3-19 电涡流式接近开关的工作流程框图

② 复位距离：与动作距离类似，复位距离指的是检测物体离开检测表面到开关动作复位时的位置之间的空间距离，复位距离大于动作距离，两者的关系如图 3-20 所示。

③ 设定距离：接近开关在实际工作中整定出来的距离，一般为额定动作距离的 0.8 倍。

④ 回差值：动作距离与复位距离之差的绝对值。

⑤ 响应频率：在 1 s 内，接近开关频繁动作的次数。

⑥ 响应时间：从接近开关检测头检测到有效物体，到输出状态出现电平翻转所经过的时间。

⑦ 导通压降：接近开关在导通状态时，输出晶体管上的电压降。

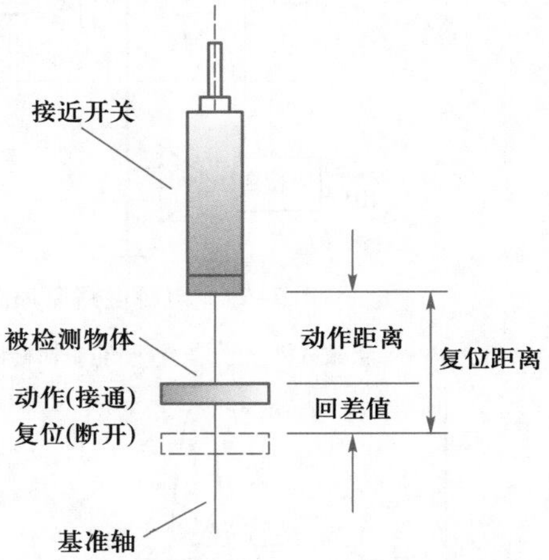

不同的电涡流式接近开关，其输出端口数量是不一样的，有两线、三线、四线，甚至五线输出的接近开关，其中两线、三线输出的接近开关应用较多。接近开关一般配合继电器或 PLC、计算机接口使用。在使用之前，一定要查看接近开关上的铭牌，否则可能会因为电压不相称而烧坏设备。

图 3-20 动作距离和复位距离的关系

3. 电涡流式接近开关的注意事项

在测量过程中，电涡流式接近开关对于工作环境、被测物体等都有一定的要求：

① 如果被测物体不是金属，则应该减小检测距离。同时，很薄的镀层也是很难检测到的。

② 电涡流式接近开关最好不要放在有直流磁场的环境中，以免发生误动作。

③ 避免接近开关接近化学溶剂，特别是在强酸、强碱的生产环境中。

④ 注意对检测探头的定期清洁，避免有金属粉尘黏附。

3.3.4 电涡流式传感器的测量电路

由工作原理可知，被测参数的变化可以转化为传感器线圈阻抗 Z 的变化。转换电路的作用是把线圈阻抗 Z 的变化转换为电压或电流的输出。

1. 电桥电路

电桥电路的原理如图 3-21 所示，图中 L_1、L_2 为传感器线圈，它们与 C_1、C_2，电阻 R_1、R_2 组成电桥的四个臂。电桥电路的电源由振荡器供给，振荡频率根据涡流式传感器的需要选择，当传感器线圈的阻抗变化时，电桥失去平衡。电桥的不平衡输出经线性放大和检波，就可以得到与被测量成比例的输出电压。

2. 谐振电路

根据电路原理，由电感和电容可以构成谐振电路，因此电涡流式传感器也采用谐振电路来转换。谐振电路的输出也是调制波,控制幅值变化的称为调幅波,控制频率变化的称为调频波。调幅波要经过幅值检波,调频波要经过鉴频才能获得被测量的电压。谐振电路原理图如图 3-22 所示,谐振电路调幅特性曲线如图 3-23 所示。

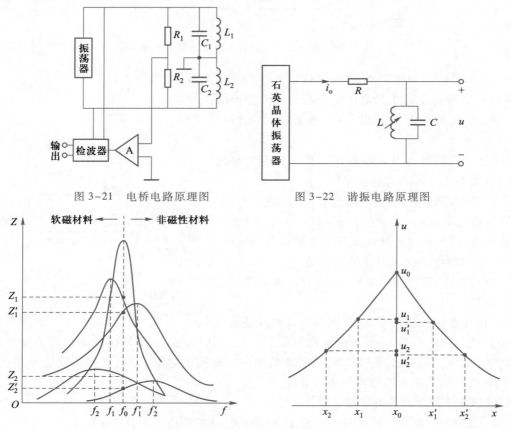

图 3-21　电桥电路原理图　　　　　　　图 3-22　谐振电路原理图

图 3-23　谐振电路调幅特性曲线

CZF1 型电涡流式传感器测量电路框图如图 3-24 所示。晶体振荡器输出频率固定的正弦波,经耦合电阻 R 接电涡流式传感器绕组与电容器的并联电路。当 LC 谐振频率等于晶振频率时输出电压幅度最大,偏离时输出电压幅度随之减小,是一种调幅波。该调幅信号经高频放大、检波、滤波后输出与被测量变化对应的直流电压信号。

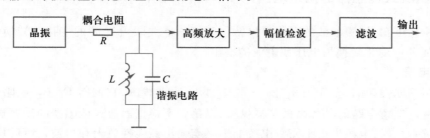

图 3-24　CZF1 型电涡流式传感器测量电路框图

3. 差动变压器式传感器测压力

差动变压器与膜片、膜盒和弹簧管等相结合,可以组成压力传感器,如图 3-25 所示。在无压力作用时,膜盒处于初始状态,与膜盒连接的衔铁位于差动变压器线圈的中部。当有压力输入膜盒后,膜盒的自由端产生位移并带动衔铁移动,差动变压器产生正比于压力的输出电压。

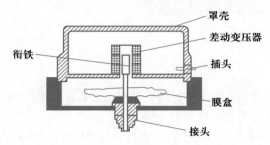

图 3-25　差动变压器式压力传感器

本章小结 ￭￭￭￭￭

　　本章主要介绍电感式传感器,它是利用线圈自感或互感的改变来实现非电量测量的。它可以把输入的各种机械物理量如位移、振动、压力、应变、流量、相对密度等参数转换成电能量输出,以满足信息的远距离传输、记录、显示和控制等方面的要求。

　　电感式传感器是利用被测量的变化引起线圈自感或互感系数的变化,从而导致线圈电感量改变这一物理现象来实现信号测量的。根据其转换原理,电感式传感器可分为自感式和互感式两大类。自感式电感传感器包含变间隙型、变面积型、螺管型三种类型。

　　差动变压器式传感器由两个相同的线圈与磁路组成。其工作原理为:当被测物体带动衔铁移动时,两个磁路的磁阻发生大小相等、符号相反的变化,引起两线圈产生大小相等、极性相反的电感增量,当将它们接入差分电桥的相邻桥臂时,电桥输出电压与两线圈电感的总变化量 ΔL 有关。

　　电涡流式传感器是根据电涡流效应制成的。凡是能引起电涡流变化的非电量,例如金属的电导率、磁导率、几何形状、绕组与导体的距离等,均可通过测量绕组的等效电阻 R、等效电感 L、等效阻抗 Z 及等效品质因数 Q 来测量。

思考题及习题 ￭￭￭￭￭

1. 说明螺管型电感传感器的主要组成、工作原理和特性。
2. 为什么螺管型电感传感器比变间隙型电感传感器有更大的测位移范围?
3. 电感式传感器测量电路的主要任务是什么?
4. 概述用差动变压器式传感器检测振动的基本原理。
5. 简述电涡流式传感器的工作原理和结构。
6. 简述电涡流式接近开关的基本原理。

掌握变面积型、变极距型和变介电常数型电容传感器的组成和工作原理;了解电容式传感器的测量电路;掌握电容式传感器的基本使用方法。

了解电容式接近开关的结构、工作原理,了解其在液位限位、压力测量、转速测量和厚度测量方面的应用,学会使用电容式接近开关测量水箱水位。

知识目标

- 了解电容式传感器的类型。
- 了解变面积型电容传感器测位移的原理。
- 了解变极距型电容传感器的非线性。
- 了解变介电常数型电容传感器的主要优点和应用范围。
- 了解电容式传感器配用的测量电路的工作原理和主要特点。
- 了解电容式传感器测量电路中的交流不平衡电桥电路和二极管双 T 型交流电桥。
- 了解差动脉冲调宽电路的组成。

技能目标

- 学会使用电容式接近开关进行压力、转速和厚度测量。
- 掌握差动电容传感器特性测试的方法。

电容式传感器是将被测量(如压力、尺寸等)的变化转换成电容量变化的一种传感器,它本身就是一个可变电容器。目前实际应用的有压力、差压、绝对压力、高差压、微差压、高静压等类型。

 ## 4.1　认识电容式传感器

以电容器作为敏感元件,将被测量的变化转换为电容量的传感器称为电容式传感器。当忽略边缘效应时,平板电容器的电容量 C 可以表示为

$$C = \frac{\varepsilon A}{\delta} = \frac{\varepsilon_0 \varepsilon_r A}{\delta} \tag{4-1}$$

式中　ε——电容极板间介质的介电常数,$\varepsilon = \varepsilon_0 \varepsilon_r$;

　　ε_0——真空介电常数;

　　ε_r——极板间介质相对介电常数;

　　A——两平行板所覆盖的面积;

　　δ——两平行板之间的距离。

当被测量变化使得式(4-1)中的 A、δ 和 ε 发生变化时,电容量 C 也随之变化,如果保持任意

两个参数不变,而改变第三个参数时,就可以把该参数的变化转化为电容量的变化,通过测量电路就可以转化为电量输出。根据这一原理,电容式传感器可以分为三种类型:改变极板面积 A 的变面积型;改变极板距离 δ 的变极距型;改变介电常数 ε_r 的变介电常数型。它们的电极形状有平板形、圆柱形和球面形三种。

电容式传感器的特点:结构简单,非接触测量,灵敏度高,分辨率高,动态响应好,可在恶劣环境下工作。但易受电磁干扰、受温度影响大、存在寄生电容等是其明显的缺点。

4.1.1　变面积型电容传感器

变面积型电容传感器的结构如图 4-1 所示,其中图 4-1(a)、(b)、(c)所示为单边式,(d)所示为差动式。变面积型电容传感器的特点是测量范围大,可测较大的线位移和角位移。一般情况下,变面积型电容传感器常做成圆柱形,如图 4-1(c)、(d)所示。

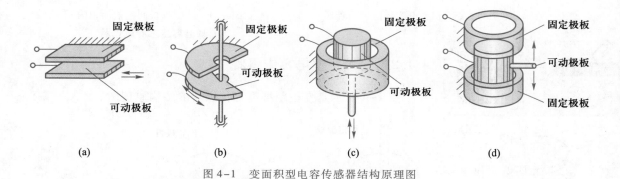

图 4-1　变面积型电容传感器结构原理图

图 4-2 为变面积型电容传感器的原理图,极板间为空气介质,不考虑边缘效应时,电容的初始电容 C_0 为

$$C_0 = \frac{\varepsilon_0 A}{\delta} = \frac{\varepsilon_0 ab}{\delta} \tag{4-2}$$

当可动极板移动 Δx 后,两极板间的电容变为

$$C = \frac{\varepsilon_0 b(a-\Delta x)}{\delta} = C_0 - \frac{\varepsilon_0 b}{\delta}\Delta x \tag{4-3}$$

电容的变化量为

$$\Delta C = C - C_0 = -\frac{\varepsilon_0 b}{\delta}\Delta x = -C_0 \frac{\Delta x}{a} \tag{4-4}$$

灵敏度 S_0 为

$$S_0 = \frac{\Delta C}{\Delta x} = -\frac{\varepsilon_0 b}{\delta} \tag{4-5}$$

灵敏度 S_0 是个常数,即变面积型电容传感器具有线性输出特性,常用于测量较大直线位移或角位移。从式(4-5)可以看出,增大极板长度 b ,减小间隙 δ ,可以使得传感器的灵敏度提高,但极板另一边 a 值不可太小,否则边缘效应增大,带来非线性误差。在实际压力测量中,常常使用电容式差动传感器,不但可以提高灵敏度,同时也可以改善非线性。

图 4-3 是改变极板间遮盖面积的差动电容传感器原理图。上、下两个圆筒是固定极板,而中间的为可动极板,当可动极板向上移动时,与上极板的遮盖面积增加,而与下极板的遮盖面积减小,两者变化的数值相等,传感器输出为两电容之差。

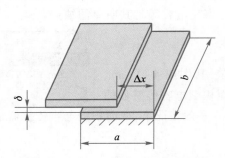

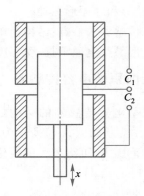

图 4-2   变面积型电容传感器原理图　　　　　图 4-3   改变极板间遮盖面积的
　　　　　　　　　　　　　　　　　　　　　　　　　　　　　差动电容传感器原理图

4.1.2　变极距型电容传感器

图 4-4 所示是变极距型电容传感器的结构原理图。

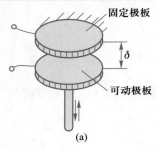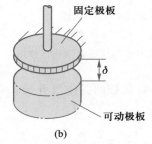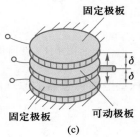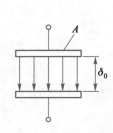

　　　(a)　　　　　　　　　　(b)　　　　　　　　　　(c)

图 4-4   变极距型电容传感器的结构原理图　　　　图 4-5   变极距型
　　　　　　　　　　　　　　　　　　　　　　　　　　　　电容传感器原理图

图 4-5 为变极距型电容传感器的原理图,图中上极板固定不动,下极板随被测参数的变化上下移动,引起极板间的距离 δ_0 相应变化,从而引起电容量发生变化,电容器(空气介质)的初始电容量为

$$C_0 = \frac{\varepsilon_0 A}{\delta_0} \tag{4-6}$$

当初始间隙 δ_0 减小 $\Delta\delta$ 时,电容量增加 ΔC,即电容的相对变化量 $\dfrac{\Delta C}{C_0}$ 为

$$\frac{\Delta C}{C_0} = \frac{\Delta\delta}{\delta_0} \tag{4-7}$$

由此可得电容传感器的灵敏度为

$$S_0 = \frac{\dfrac{\Delta C}{C_0}}{\Delta\delta} = \frac{1}{\delta_0} \tag{4-8}$$

灵敏度 S_0 与初始间隙 δ_0 成反比关系,欲提高灵敏度,应减小极板距离,但应考虑电容器承受击穿电压的限制及装配工作的难度。

利用上述公式可得到传感器的非线性误差,其值 γ_L 为

$$\gamma_L = \pm \frac{\left| \dfrac{\Delta\delta}{\delta_0}\left(1+\dfrac{\Delta\delta}{\delta_0}\right) - \dfrac{\Delta\delta}{\delta_0} \right|}{\left| \dfrac{\Delta\delta}{\delta_0} \right|} = \pm \left| \frac{\Delta\delta}{\delta_0} \right| \times 100\% \qquad (4\text{--}9)$$

由上式可以得出,非线性误差 γ_L 与初始间隙 δ_0 成反比关系,要想减小传感器的非线性误差,需增大极板距离。

由此可知:提高传感器的灵敏度和减小非线性误差是相互矛盾的。在实际应用中,为解决这一矛盾,常采用图 4–6 所示的差动变极距型电容传感器。

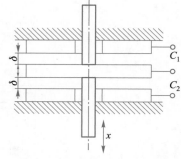

当可动极板向下移动时,电容 C_1 随位移增加而增加,电容 C_2 随位移增加而减小,构成差动结构。将两差动电容接在相邻桥臂上,可得到传感器电容总的相对变化为

$$\frac{\Delta C}{C_0} \approx 2\frac{\Delta\delta}{\delta_0} \qquad (4\text{--}10)$$

图 4–6　差动变极距型电容传感器

由此可得电容传感器的灵敏度为

$$S_0 = \frac{\dfrac{\Delta C}{C_0}}{\Delta\delta} = \frac{2}{\delta_0} \qquad (4\text{--}11)$$

即灵敏度 S_0 与初始间隙 δ_0 成反比关系,且为单电容传感器灵敏度的 2 倍。同时,作近似线性处理后可得到传感器的非线性误差 γ_L 为

$$\gamma_L = \pm \frac{\left| 2\dfrac{\Delta\delta}{\delta_0}\left[1+\left(\dfrac{\Delta\delta}{\delta_0}\right)^2\right] - 2\dfrac{\Delta\delta}{\delta_0} \right|}{\left| 2\dfrac{\Delta\delta}{\delta_0} \right|} = \pm \left(\frac{\Delta\delta}{\delta_0} \right)^2 \times 100\% \qquad (4\text{--}12)$$

由式(4–12)可以得出,非线性误差 γ_L 与初始间隙 δ_0 也成反比关系,但与单电容传感器相比,非线性误差大大减小。

由以上分析可知,电容传感器采用差动形式后,灵敏度提高,线性变好,采用差动技术是提高传感器综合性能的重要方法。值得注意的是,这一方法并没有从根本上解决灵敏度和线性度的矛盾,所以变极距型电容传感器常用于测量微小位移。

4.1.3　变介电常数型电容传感器

变介电常数型电容传感器的结构原理图如图 4–7 所示。这种传感器大多用来测量电介质的厚度[如图 4–7(a)所示]、位移[如图 4–7(b)所示]、液位[如图 4–7(c)所示],还可根据极间介质的介电常数随温度、湿度、容量不同而发生的改变来测量温度、湿度、容量[如图 4–7(d)所示]。

图 4–8 为变介电常数型电容传感器的原理图,此时 δ 和 A 为常数,当有一厚度为 d、相对介电常数为 ε_r 的固体电介质通过极板间的间隙时,电容器的电容可等效为两个电容串联而成,总电容为

$$C = \frac{\varepsilon_0 A}{\delta - d + \dfrac{d}{\varepsilon_r}} \tag{4-13}$$

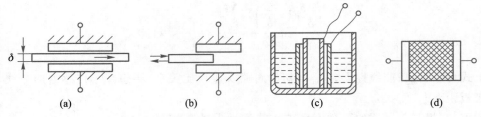

图 4-7   变介电常数型电容传感器的结构原理图

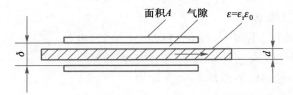

图 4-8   变介电常数型电容传感器原理图

若被测固体的介电常数因环境变化发生改变,且变化量为 $\Delta\varepsilon_r$,则此时电容量为

$$C + \Delta C = \frac{\varepsilon_0 A}{\delta - d + \dfrac{d}{\varepsilon_r + \Delta\varepsilon_r}}$$

电容相对变化量为

$$\frac{\Delta C}{C} = \frac{\Delta\varepsilon_r}{\varepsilon_r} N_2 \frac{1}{1 + N_3 \left(\dfrac{\Delta\varepsilon_r}{\varepsilon_r}\right)} \tag{4-14}$$

式中 N_2 ——灵敏度因子,$N_2 = \dfrac{1}{1 + \dfrac{\varepsilon_r(\delta - d)}{d}}$;

N_3 ——非线性因子,$N_3 = \dfrac{1}{1 + \dfrac{d}{\varepsilon_r(\delta - d)}}$。

由以上分析可知,$(\delta - d)/d$ 越小,传感器灵敏度越高,非线性误差越小,传感器的综合性能越高。此种类型传感器适用于测量介电常数变化。N_2 和 N_3 的值与固体介电常数有关,选用 ε_r 小的材料可得到较高的灵敏度和较低的非线性误差。

变介电常数型电容传感器的结构形式很多,广泛用于测量介电材料厚度、物位、固体介质的湿度等。

4.1.4   电容式接近开关

1. 电容式接近开关的工作原理

电容式接近开关的工作原理与电涡流式接近开关的工作原理类似,如图 4-9 所示。电涡流式接近开关感应到被测物体后产生涡流效应,电容式接近开关亦属于一种具有开关量输出的位置传感器。电容式接近开关的测量头通常构成电容器的一个极板,而电容器的另一个极板是被测物体本身,当物体移向接近开关时,物体和接近开关的介电常数发生变化,使得和测量头相连的电路状态也随之发生变化,由此便可控制接近开关的接通和关断。

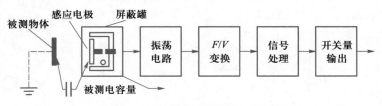

图 4-9　电容式接近开关的工作原理

　　电容式接近开关能检测金属物体,也能检测非金属物体,对金属物体可以获得最大的动作距离,对非金属物体的动作距离取决于材料的介电常数,材料的介电常数越大,可检测的动作距离越大。部分常用材料的介电常数见表 4-1。

表 4-1　部分常用材料的介电常数

介质名称	介电常数	介质名称	介电常数	介质名称	介电常数
空气	1	干燥煤粉	2.2	湿沙	15 ~ 20
聚苯乙烯颗粒	1.05 ~ 1.5	石膏	1.8 ~ 2.5	氨	21
洗衣粉	1.1 ~ 1.3	食用油	2 ~ 4	乳胶	24
液态煤气	1.2 ~ 1.7	粮食	2.5 ~ 4.5	乙醇	25
塑料粒	1.5 ~ 2	干燥沙	3 ~ 4	炭灰	25 ~ 30
玻璃片	1.2 ~ 2.2	沥青	4 ~ 5	矿石	25 ~ 30
奶粉	1.8 ~ 2.2	水泥	4 ~ 6	丙酮	20 ~ 30
汽油	1.9	甲醚	5	甲醇	30
环乙醇	2	异氰酸脂	7.5	甘油	37
柴油	2.1	丁醇	11	水	81

2. 电容式接近开关的应用

（1）压力测量

　　电容式接近开关测量压力示意图如图 4-10 所示,图中膜片电极 1 为电容器的可动极板,固定电极 2 为电容器的固定极板。当被测压力作用于膜片电极上时,膜片电极产生位移,两极板间距离发生改变,使电容器的电容量改变。当两极板间距离 δ 很小时,压力和电容量之间为线性关系。

（2）转速测量

　　在齿状物如齿轮旁边安装一个电容式接近开关,如图 4-11 所示,当转轴转动时,电容式接近开关周期地检测到齿轮的齿端端面,就能输出周期性的变化信号。该信号经放大、变换后,可以用频率计测出其变化频率,从而测出转轴的转速。若转轴上开有 z 个槽,频率计读数为 f(单位为 Hz),则转轴的转速 n(单位为 r/min)的数值为

$$n = \frac{60f}{z}$$

（4-15）

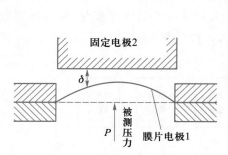

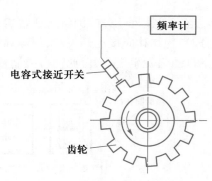

图 4-10　电容式接近开关测量压力示意图　　　图 4-11　电容式接近开关测量转速

（3）带材厚度测量

图 4-12 所示是电容式接近开关测量金属带材厚度示意图,被测金属带材与其两侧电容器极板构成两个电容 C_1 和 C_2,把两电容极板连接起来,它们和带材间的电容为 $C = C_1 + C_2$。当带材厚度发生变化时,电容量也随之变化。

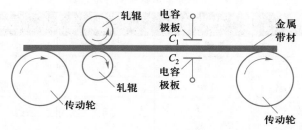

图 4-12　电容式接近开关测量金属带材厚度示意图

扩展学习
保持电容式传感器
特性稳定的方法

4.2　电容式传感器测量电路

电容式传感器中电容值以及电容变化值都十分微小,这样微小的电容量还不能直接被目前的显示仪表所显示,也很难为记录仪所接受,不便于传输,必须借助于测量电路检出这一微小电容增量。将电容量转换成电压或电流的电路称为电容传感器的测量电路。它们的种类很多,目前较常用的有变压器电桥电路、差动脉冲调宽电路和运算放大电路等。

4.2.1　变压器电桥电路

1. 交流不平衡电桥电路

图 4-13 所示为交流不平衡电桥电路,是电容式传感器最基本的一种信号变换电路,其中 A 点为变压器次级绕组的中间抽头,C_1、C_2 为差动电容,初始电容量均为 C_0,当被测量发生变化时,C_1、C_2 都会发生变化,$C_1 = C_0 - \Delta C$,$C_2 = C_0 + \Delta C$,电桥输出电压为

$$u_o = \frac{C_0 + \Delta C}{(C_0 + \Delta C) + (C_0 - \Delta C)} u_i - \frac{1}{2} u_i = \frac{1}{2} \frac{\Delta C}{C_0} u_i \qquad (4\text{-}16)$$

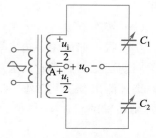

图 4-13　交流不平衡电桥电路

由上式可知,当供桥电压 u_i 为稳压电源提供、初始电容量 C_0 为常数时,电桥输出电压仅仅是传感器输出电容变化值 ΔC 的单值线性函数。

2. 二极管双 T 型交流电桥电路

二极管双 T 型交流电桥电路原理图如图 4-14 所示。u_i 为高频方波电源,VD_1、VD_2 为特性完全相同的两个二极管,R_1、R_2 为阻值相等的固定电阻($R_1 = R_2 = R$),C_1、C_2 为传感器的两个差动电容,当传感器没有输入时,$C_1 = C_2$。电路工作原理如下:

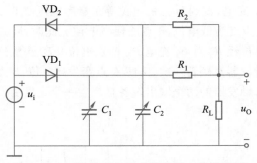

当 u_i 为正半周时,二极管 VD_1 导通,VD_2 截止,于是电容 C_1 充电;在随后负半周出现时,电容 C_1 上的电荷通过电阻 R_1、负载电阻 R_L 放电,流过

图 4-14 二极管双 T 型交流电桥电路原理图

R_L 的电流为 i_1。当 u_i 为负半周时,VD_2 导通,VD_1 截止,则电容 C_2 充电;在随后正半周出现时,C_2 通过电阻 R_2、负载电阻 R_L 放电,流过 R_L 的电流为 i_2。若 $C_1 = C_2$,则电流 $i_1 = i_2$,且方向相反,在一个周期内流过 R_L 的平均电流为零。

若传感器输入不为 0,即 $C_1 \neq C_2$,那么 $i_1 \neq i_2$,此时 R_L 上必定有信号输出,其输出电压在一个周期内的平均值为

$$u_o = \frac{R(R+2R_L)}{(R+R_L)^2} R_L u_i f(C_1 - C_2) \tag{4-17}$$

式中 f——电源频率。

若 R_L 已知,设 $M = \dfrac{R(R+2R_L)}{(R+R_L)^2} R_L$(为一常数),可得

$$u_o = u_i f M (C_1 - C_2) \tag{4-18}$$

由式(4-18)可知,输出电压 u_o 不仅与电源电压的幅值和频率有关,而且与 T 型网络中的电容 C_1 和 C_2 的差值有关。当电源电压确定后,输出电压 u_o 与电容 C_1 和 C_2 之差具有线性关系。

4.2.2 差动脉冲调宽电路

差动脉冲调宽电路也称为脉冲调制电路,电路组成如图 4-15 所示。

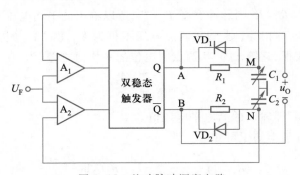

图 4-15 差动脉冲调宽电路

该电路由比较器(A_1、A_2)、双稳态触发器及电容充、放电回路组成。C_1 和 C_2 为电容传感器的差动电容,U_F 为参考电压,双稳态触发器的两个输出端 A、B 作为差动脉冲调宽电路的输出。

电路工作原理如下:

设电源接通时,双稳态触发器 A 点为高电位,B 点为低电位,因此,输出电流由 A 点通过 R_1 对 C_1 充电,直到 M 点的电位等于参考电压 U_F 时,比较器 A_1 产生一个脉冲,使双稳态触发器翻转,则使 A 点变为低电位,B 点呈现高电位。此时,M 点电位经二极管 VD_1 迅速放电至零。同时,B 点的高电位经 R_2 对 C_2 充电,当 N 点电位升高至等于参考电压 U_F 时,比较器 A_2 产生一个脉冲,使双稳态触发器又翻转一次,又使 A 点变为高电位,B 点变为低电位,重复上述过程。如此周而复始,在双稳态触发器的两个输出端各自产生一个宽度受 C_1 和 C_2 调制的方波脉冲,如图 4-16 所示。

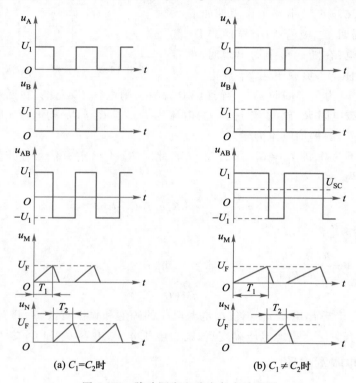

图 4-16   脉冲调宽电路中各点波形图

当 $C_1 = C_2$ 时,取 $R_1 = R_2 = R$,则脉冲宽度 $T_1 = T_2$,所以输出的平均电压 $U_0 = 0$。当 $C_1 \neq C_2$ 时,C_1 和 C_2 充放电时间常数不相等,则 A、B 两点电压不再为零,此时平均电压可由 A、B 两点间电位差,经低通滤波后而获得,它等于 A、B 两点间电位的平均值之差,为

$$U_0 = U_1 \frac{T_1 - T_2}{T_1 + T_2} \tag{4-19}$$

式中 U_1——双稳态触发器输出的高电平电压值。

对于阻容支路,由电子学知识可知

$$T_1 = R_1 C_1 \ln \frac{U_1 - U_F}{U_F}, \quad T_2 = R_2 C_2 \ln \frac{U_1 - U_F}{U_F}$$

可得

$$U_0 = \frac{C_1 - C_2}{C_1 + C_2} U_1 = \frac{\Delta C}{C_1 + C_2} U_1 = \frac{1}{2} \frac{\Delta C}{C_0} U_1 \tag{4-20}$$

由上式可知:差动电容 ΔC 的变化使充放电时间不同,从而使双稳态触发器输出方波脉冲宽度不同,因此,A、B 两点输出直流电压 U_0 也不同,且具有线性输出特性。

差动脉冲调宽电路还有以下特点:不需要解调器,就能获得直流输出;输出信号一般为 100 kHz ~ 1 MHz 的矩形波,所以直流输出只需经低通滤波器简单引出。由于低通滤波器的作用,对输出波形纯度要求不高,只需要电压稳定度较高的直流电源,这比其他测量电路中要求高稳定度的稳频、稳幅交流电源易于做到。

4.2.3 运算放大电路

可将电容式传感器接入运算放大电路中,作为电路的反馈元件而构成测量电路。运算放大器的放大倍数 K 非常大,而且输入阻抗 Z_i 很高的特点可以使其成为电容式传感器比较理想的测量电路。图 4-17 是运算放大电路原理图,C_x 是电容传感器,u_i 是交流电源电压,u_0 是输出信号电压。

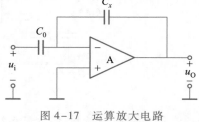

图 4-17 运算放大电路

由运算放大器工作原理可得

$$u_0 = -\frac{C_0}{C_x}u_i \qquad (4-21)$$

如果是变极距型电容传感器,则 $C_x = \varepsilon A/\delta$,代入式(4-21),有

$$u_0 = -u_i\frac{C_0}{\varepsilon A}\delta \qquad (4-22)$$

式中,"-"号表示输出电压 u_0 的相位与电源电压相反。式(4-22)说明运算放大器的输出电压与极板间距离 δ 呈线性关系。运算放大器电路解决了单个变极距型电容传感器的非线性问题,但要求输入阻抗 Z_i 及放大倍数 K 足够大。为保证仪器精度,还要求电源电压 u_i 的幅值和固定电容 C_0 值稳定。另外此电路需要高精度的交流稳压电源,且需要精密整流变为直流输出,这些附加电路将使得变换电路比较复杂。

除此之外,电容式传感器常用到的测量电路还有二极管环检波电路、调频电路、紧耦合电桥电路和脉冲电路等。

4.2.4 技能实训 差动电容传感器特性测试

1. 实训目的
① 熟悉差动变面积型电容传感器的工作原理及特点。
② 掌握电容传感器的标定方法。

2. 实训原理
根据 $C = \varepsilon A/\delta$,无论是电容的介电常数 ε、极片之间的相对面积 A 或是间距 δ 发生变化时,都将引起输出电容 C 改变。工程上正是根据这一原理设计、制造了一系列实用的传感器件。

3. 实训设备
① 电容式传感器(变面积型)。
② 电容变换器。
③ 差动放大器。
④ 激振器。

⑤ 低通滤波器。

⑥ 电压表(mV 级)。

⑦ 示波器。

⑧ 螺旋测微器。

⑨ 成套实训仪器。

4. 实训方法和步骤

① 按图 4-18 接线,电容变换器增益调至最大,差动放大器增益处于中间,电压表设在 120 mV 挡。

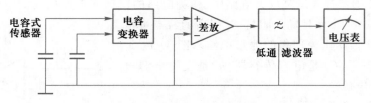

图 4-18　电容式传感器实训系统图

② 调节螺旋测微器,使测量系统输出为零,观察传感器可动极板的位置是否位于两固定极板中间(理论上应处于中间位置)。

③ 调节螺旋测微器,带动传感器可动极板做适当位移,从而改变可动极板与固定极板之间的相对面积,并将每移动 1 mm 时所反映的结果记入表 4-2 中。

表 4-2　测量数据

x/mm										
U/mV	正向									
	反向									

④ 在坐标纸上描绘出 U-x 曲线,计算系统灵敏度,观察线性特点。

⑤ 反方向再测一次,记录 U-x 对应测量数值,并记入表 4-2。然后在同一坐标系中绘出 U-x 曲线,比较系统的迟滞性。

⑥ 将低频振荡器的输出接入激振器,使悬臂梁适度振动,然后用示波器观察低通滤波器的输出波形,读出峰-峰值。由标定曲线求出梁的振动幅度。

5. 注意事项

① 本次操作用的电容式传感器为差动变面积型,因此在操作时应尽可能把可动极板调节到与两固定极板相对应的中间位置处。

② 电容变换器的输入、输出接口不能接反。

③ 反向测量是在正向检测结束时接着进行的,中间不得重新调整起始位置。

4.3　工程应用　电容式传感器测量位移

电容式传感器不仅应用于振动振幅、加速度、压力、液位和密度等量的测量,而且广泛地应用于直线位移、角位移的测量。在这里简述单电极电容式位移传感器和变面积型差动电容式位移传感器的结构和用它们测量位移的原理。

4.3.1 单电极电容式位移传感器

单电极电容式位移传感器如图 4-19 所示。这种传感器在使用时,常把被测对象作为一个电极使用,而将传感器本身的平面测试端电极作为电容器的另一极,通过电极座由引线接入电路;壳体与测试端电极间有绝缘材套使彼此绝缘,壳体作为夹持部分,被夹持在标准台架或其他支承上,壳体接大地可起屏蔽作用。

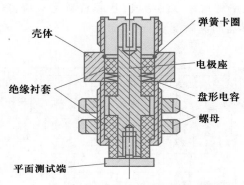

图 4-19 单电极电容式位移传感器

图 4-20 所示是这种传感器的几种应用情况,图 4-20(a)所示是振动位移测量,可测最小为 0.05 μm 的位移;图 4-20(b)所示是转轴的回转精度测量,利用正交安放的两个电容式位移传感器,可测出转轴的轴心动态偏摆情况。

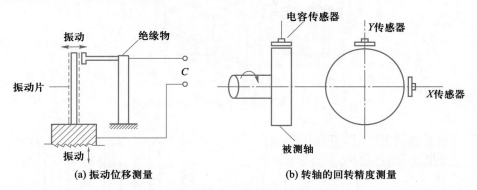

(a) 振动位移测量   (b) 转轴的回转精度测量

图 4-20 振荡位移和回转精度的测量

以上两种测量均为非接触测量,故电容式位移传感器特别适合于测量高频振动的微小位移。由于电容式传感器的电容量不易做得较大,一般仅为几皮法至几十皮法,这样小的电容量往往给测量带来许多困难,如易受到外界电气干扰、对电缆的长度和状态变化很敏感、要求配套仪器的阻抗高等,故在一段相当长的时间内阻碍了电容式传感器的应用。

4.3.2 变面积型差动电容式位移传感器

变极筒面积的差动电容式位移传感器结构如图 4-21 所示,它的固定极筒与壳体绝缘,可动极筒与测杆固定在一起并彼此绝缘。当被测物移动,带动测杆轴向移动时,可动极筒与固定极筒的覆盖面积随之改变,使电容量改变,一个变大,一个变小,它们的差值正比于位移。开槽弹簧片为传感器的导向与支承,无机械摩擦,灵敏性好,但行程小。测力弹簧保证可动极筒通过测杆与被测物可靠接触,其测力可用调力螺钉调节。电容极筒都由引线接至插座,以供接入电路用,膜片作密封用,防止尘土进入传感器内。

图 4-22 所示是精密大位移测量用的变面积型电容式精密位移传感器的原理图,它由一块长的具有等间距的栅状电极和一对相对交叉放置的梳状电极组成。在工作时,栅状电极与梳状电极的相对位置状态如图 4-22(b)所示,它组成了电容值随电极间的相对位置 x 而变化的电容器对 C_1 和 C_2。电极采用分布、重复光刻方法制成,基底材料是玻璃,电极表面涂有一层薄薄的高绝缘的介电材料,以提高传感器的灵敏度。

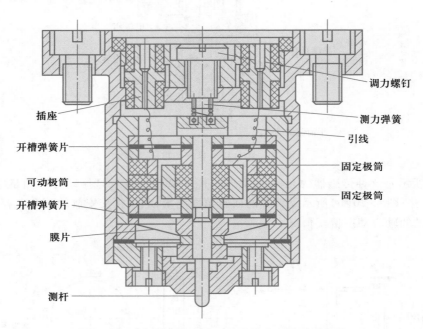

图 4-21　变极筒面积的差动电容式位移传感器结构

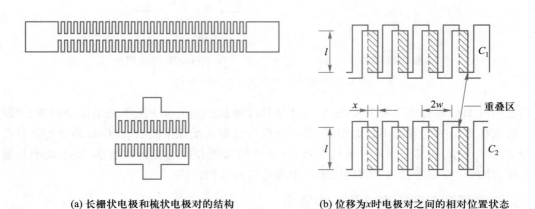

(a) 长栅状电极和梳状电极对的结构　　　(b) 位移为 x 时电极对之间的相对位置状态

图 4-22　电容式精密位移传感器原理图

当传感器接有图 4-23 所示的测量电路时,传感器的输出信号可以近似地写成

$$\frac{U_0}{U_i} = k_0 \cos\left(\frac{\pi x}{w}\right) \tag{4-23}$$

式中　k_0——传感器传递函数。

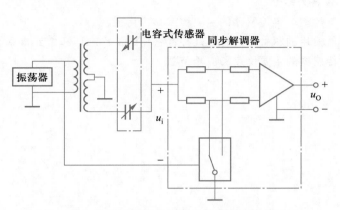

图 4-23　电容式精密位移传感器测量电路原理图

式(4-23)表明,输出信号是传感器位置状态 x 的函数,这种电容式精密位移传感器的灵敏度为 2.56 mV/μm。

本章小结

　　电容式传感器是把被测非电量转化为电容量变化的一种传感器,它可分为三种类型:变面积型、变极距型和变介电常数型。

　　变面积型电容传感器的特性公式是 $\Delta C/C_0 = -\Delta x/\alpha$,电容变化量与被测量呈线性关系,可测较大的直线位移和角位移。单电容变极距型电容传感器的特性公式是 $\Delta C/C_0 = \Delta d/d_0$,其灵敏度和线性度相矛盾,可采用差动结构来提高它的灵敏度,同时减小非线性误差。变介电常数型电容传感器的电容变化量与被测非电量为线性关系,常用来测量物位。

　　电容式传感器常用的测量电路有交流不平衡电桥电路、二极管双 T 型交流电桥电路、差动脉冲调宽电路、运算放大器电路等,这些电路的主要功能是检测出微小的电容变化量,并把电容的变化转化为电压的变化,且输出、输入具有线性关系。

　　电容式传感器具有结构简单、灵敏度高、动态响应快、适应性强等优点,常用于测量压力、加速度、微小位移、液位等。

　　电容式位移测量系统分为单电极电容式和变极筒面积的差动电容式。电容式传感器的电容量不易做得较大,要求配套仪器的阻抗高。单电极电容式位移传感器在使用时,常把被测对象作为一个电极使用,而将传感器本身的平面测试端电极作为电容器的另一极,通过电极座由引线接入电路。

思考题及习题

　　1. 电容式传感器有几种类型? 简述每种类型各自的特点和适用场合。

　　2. 为什么变面积型电容传感器的测位移范围较大?

3. 如何改善变极距型单电容传感器的非线性？并解释原因。

4. 已知变面积型电容传感器两极板间的距离为 10 mm，极板间介质的介电常数为 $\varepsilon = 50$ μF/m，两极板几何尺寸一样，为 30 mm×20 mm，在外力作用下，可动极板向外移动 10 mm，试求电容变化量 ΔC 和传感器灵敏度 K 各为多少？

5. 说明变介电常数型电容传感器的主要优点和应用范围。

6. 电容式传感器配用的测量电路有哪几种？它们的工作原理和主要特点是什么？

7. 简述电容式传感器的主要优点和应用范围。

第5章 霍尔式传感器

了解霍尔元件、霍尔效应和主要特性,掌握霍尔式传感器的工作原理和测量电路,了解霍尔式传感器的误差及补偿方法,了解霍尔式传感器的应用,了解霍尔接近开关的工作原理、特点和应用。

知识目标

- 了解霍尔效应和霍尔电动势。
- 了解霍尔元件的主要特性。
- 掌握霍尔式传感器的结构和工作原理。
- 了解霍尔元件基本测量电路的组成。
- 了解霍尔式压力传感器的结构原理。
- 了解霍尔补偿电路。
- 了解霍尔接近开关的工作原理和特点。

技能目标

- 能够进行霍尔式传感器特性测试。
- 学会用霍尔式传感器测量静态位移的方法。
- 能够用霍尔接近开关进行位置控制、速度测量。

图片
霍尔式传感器

5.1 霍尔式传感器的工作原理

5.1.1 霍尔元件与霍尔效应

霍尔式传感器是利用霍尔元件的霍尔效应制作的半导体磁敏传感器。

半导体磁敏传感器是指电参数按一定规律随磁性量变化的传感器,常用的磁敏传感器有霍尔式传感器和磁敏电阻传感器。除此之外还有磁敏二极管、磁敏晶体管等。磁敏器件是利用磁场工作的,因此可以通过非接触方式检验,这种方式可以保证寿命长、可靠性高。

半导体磁敏器件的特点是:从直流到高频,其特性完全一样,也就是完全不存在频率关系。在磁敏器件的主要材料半导体中,电子的运动速度非常快,足以跟上频率的变化。半导体磁敏器件产生与磁场强度成比例的电动势,它不仅能够测量动磁场,也能把静止的磁场变换成电信号。利用半导体可以做成很微型的磁敏器件,有的半导体磁敏器件的工作面积只有 2 μm×2 μm,但并不会因面积小而降低灵敏度。除半导体材料外,其他材料很难做成这样的微型磁敏器件。另外,对集成化的磁敏器件来说,它可以做成一维和二维集成化的半导体磁敏器件,与硅等集成电路的接口也非常方便。

利用磁场作为媒介可以检测很多物理量,例如位移、振动、力、转速、加速度、流量、电流、电功率等。它不仅可以实现非接触测量,并且不会从磁场中获取能量。在很多情况下,可采用永久磁铁来产生磁场,不需要附加能量。因此,这一类传感器获得了极为广泛的应用。

1. 霍尔元件

霍尔元件是一种半导体四端薄片,它一般做成正方形,在薄片相对两侧对称地焊上两对电极引出线。一对称极为激励电流端,另一对称极为霍尔电动势输出端。

目前常用的霍尔元件材料是 N 型硅,它的霍尔灵敏系数、温度特性、线性度均较好。锑化铟(InSb)、砷化铟(InAs)、N 型锗(Ge)等也是常用的霍尔元件材料。锑化铟元件的输出较大,受温度影响也较大;砷化铟和锗的输出不及锑化铟大,但温度系数小,线性度好。砷化镓(GaAs)是新型的霍尔元件材料,温度特性和输出线性都好,但价格贵。

霍尔元件的壳体用非导磁性金属、陶瓷、塑料或环氧树脂封装,如图 5-1(a)所示。霍尔元件的电路符号如图 5-1(b)所示。

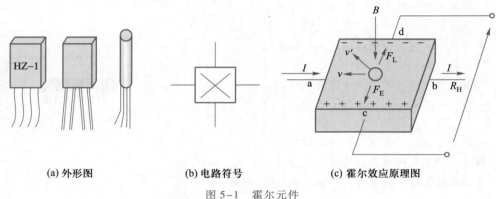

(a) 外形图　　　　　(b) 电路符号　　　　　(c) 霍尔效应原理图

图 5-1　霍尔元件

2. 霍尔效应

1879 年霍尔发现:在通有电流的金属板上加一个强磁场,当电流方向与磁场方向垂直时,在与电流和磁场都垂直的金属板的两表面间出现电动势差,这个现象称为霍尔效应,这个电动势差称为霍尔电动势,其成因可用带电粒子在磁场中所受到的洛伦兹力来解释。如图 5-1(c)所示,将金属或半导体薄片置于磁感应强度为 B 的磁场中,当有电流流过薄片时,电子受到洛伦兹力 F_L 的作用向一侧偏移,电子向一侧堆积形成电场,该电场对电子又产生电场力。电子积累越多,电场力越大。洛伦兹力的方向可用左手定则判断,它与电场力的方向恰好相反。当两个力达到动态平衡时,在薄片的 cd 方向建立稳定电场,即霍尔电动势(又称霍尔电压),如图 5-2 所示。激励电流越大,磁场越强,电子受到的洛伦兹力也越大,霍尔电压也就越高。其次,薄片的厚度、半导体材料中的电子浓度等因素对霍尔电动势也有影响。霍尔电压的数学表达式为

$$U_H = K_H IB \qquad (5-1)$$

式中　　U_H——霍尔电压,mV;

　　　　K_H——霍尔元件的灵敏系数,mV/(mA·T);

　　　　I——输入电流,mA;

　　　　B——磁感应强度,T。

当 I 或 B 的方向改变时,霍尔电压的方向也随之改变。如果磁场方向与半导体薄片不垂直,而是与其法线方向的夹角为 θ,则霍尔电压为

$$U_H = K_H I B \cos \theta \qquad (5-2)$$

当霍尔元件使用的材料是 P 型半导体时,导电的载流子为带正电的空穴。因为空穴的运动方向与电子相反,所带电荷也与电子相反,积累电荷就有不同符号,霍尔电压也就有相反符号。

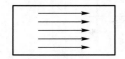  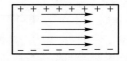

(a) 磁场为零时电子在半导体中的流动　(b) 电子在洛伦兹力作用下发生偏转　(c) 电荷积累达到平衡时电子在流动

图 5-2　霍尔电压形成的定性说明

使用霍尔元件时,除注意其灵敏度外,应考虑输入及输出阻抗、额定电流、温度系数和使用温度范围。

5.1.2　霍尔元件的主要特性

从式(5-1)中看出,霍尔电压与灵敏度、输入电流 I 和磁感应强度 B 有关。因此,在磁场恒定的情况下,选用灵敏度较低的元件时,如果允许输入电流较大,也可能得到足够大的霍尔电压。

在输入电流恒定的情况下,U_H 与 B 的关系只能在一定范围内保持线性,一般只在 $B < 0.5$ T(相当于 5 000 Gs 以下)时认为是线性关系。当磁场交变时,U_H 也是交变的,但频率只限几千赫兹以下。

霍尔元件的输入阻抗及输出阻抗并不是常数,随磁场增强而增大。为了减少影响,输入电流 I 最好用恒流源提供。

从理论上说,当 $B = 0$,$I = 0$ 时,霍尔元件的输出应该为零,即 $U_H = 0$。但实际上仍有一定霍尔电压输出,这就是霍尔元件的零位误差。引起零位误差的主要原因有以下几种:

(1) 不等位电动势

这是引起零位误差的主要原因。两个霍尔电压极在制作时不可能绝对对称地焊在霍尔元件两侧、输入电流极的端面接触不良、材料电阻率不均匀以及霍尔元件的厚度不均匀等均会产生不等位电动势。

(2) 寄生直流电动势

在没有磁场的情况下,霍尔元件通以交流输入电流时,它的输出除了交流不等位电动势外,还有直流电动势分量,称为寄生直流电动势。其产生原因是输入电流极、霍尔电压极的接触电阻造成整流效应以及霍尔电极的焊点大小不一致,其热容量不一致产生温差,造成直流附加电压。

(3) 感应零电动势

当没有输入电流时,在交流或脉动磁场作用下产生的电动势称为感应零电动势。它与霍尔电压极引线构成的感应面积 A 成正比,如图 5-3 所示。

感应零电动势的补偿可采用图 5-3(b)、(c)所示的方法,使感应零电动势霍尔电压极引线围成的感应面积 A 所产生的感应电动势互相抵消。

(4) 自激场零电动势

当霍尔元件通以输入电流时,此电流就会产生磁场,这一磁场称为自激场,如图 5-4(a)所

示。由于元件的左右两半场相等,故产生的电动势方向相反而抵消。实际应用时,由于输入电流引线也产生磁场,使元件左右两半场不等,如图 5-4(b)所示,因而有霍尔电压输出,这一输出电压称为自激场零电动势。

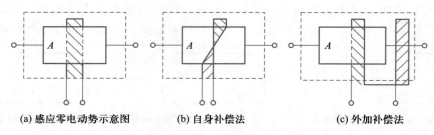

(a) 感应零电动势示意图   (b) 自身补偿法   (c) 外加补偿法

图 5-3   磁感应零电动势及其补偿

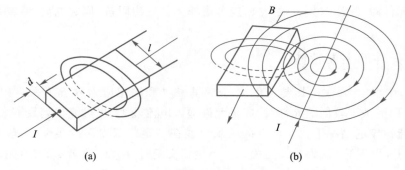

(a)   (b)

图 5-4   霍尔元件自激场零电动势示意图

要克服自激场零电动势的影响,只要将输入电流引线在安装过程中适当安排即可。

除上述原因以外,霍尔元件温度引起的误差更为普遍,因为温度对半导体材料的电阻率 ρ、迁移率 μ、载流子浓度等都有影响,所以势必影响 K_H。

图 5-5 给出了各种材料霍尔输出电压随温度变化的情况。

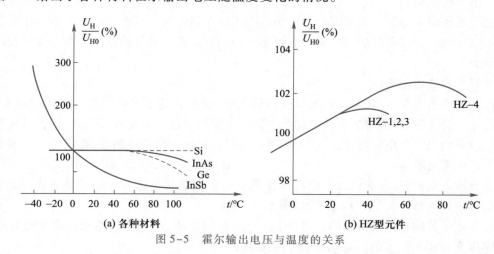

(a) 各种材料   (b) HZ型元件

图 5-5   霍尔输出电压与温度的关系

温度还影响霍尔元件的内阻即输入阻抗和输出阻抗。不同材料制成的霍尔元件,其内阻与温度关系不同,图 5-6 给出几种材料的内阻与温度的关系曲线。

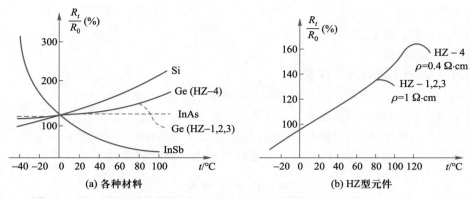

图 5-6　内阻与温度的关系

5.1.3　实训操作　霍尔式传感器特性测试

1. 实训目的

① 了解霍尔式传感器的结构和工作原理。

② 学会用霍尔式传感器测量静态位移的方法。

③ 分析霍尔式传感器特性(包括灵敏度、线性度)。

2. 实训原理

图 5-7 是运用霍尔元件进行位移测量的实训装置。磁铁由两个半环形永久磁铁组成,形成梯度磁场,位于梯度磁场中的霍尔元件——霍尔片通过底座连接在振动台上,当霍尔片通以恒定的电流时(图 5-7 中由 ±2 V 电源提供),霍尔元件就有电压输出。如果改变振动台的位置,霍尔片就在梯度磁场上下移动,输出的 U_H 值取决于在磁场中的位移量 x,所以由霍尔电压的大小便可获得振动台的静位移,其关系如图 5-8 所示。

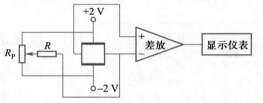

图 5-7　霍尔元件位移测量实训装置

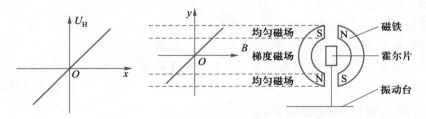

图 5-8　霍尔电压与位移量的关系

3. 实训设备

① 霍尔片。

② 磁路系统。

③ 电桥(只需其中的电位器 R_P 和电阻 R)。

④ 差动放大器。

⑤ 直流稳压电源(±2 V)。

⑥ 测微头(螺旋测微器)。

4. 实训方法和步骤

① 开启电源,将差动放大器调零。

② 按图 5-7 接线,使霍尔片位于梯度磁场正中位置。

③ 上下移动振动台,并调节差放增益和 R_P,使电压表双向指示为最大且基本对称。

④ 将测微头与振动台吸合,使振动台回到原来位置(即霍尔片处于梯度磁场正中位置)。

⑤ 将测得的数据填入表 5-1,作出 U-x 曲线并求出灵敏度和线性度。

表 5-1　测量数据

x/mm	-2.5	-2.0	-1.5	-1.0	-0.5	0	0.5	1.0	1.5	2.0	2.5
U_H/V											

5. 注意事项

① 由于磁路系统空气隙大,霍尔片应全部处于梯度磁场中,以提高线性度和灵敏度。调整好后,测量过程中不再移动。

② 激励电压±2 V 不得随意增大,以免损坏霍尔片。

5.2　霍尔式传感器的基本测量电路

扩展学习

霍尔式单相交流功率计

5.2.1　霍尔元件的基本测量电路

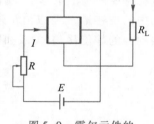

霍尔元件的基本测量电路如图 5-9 所示,控制电流 I 由电源 E 提供,R 是调节电阻,用以根据要求改变 I 的大小。霍尔电压输出端的负载电阻 R_L,可以是放大器的输入电阻或表头内阻等。所施加的外磁场 B 一般与霍尔元件的平面垂直。

在实际测量中,可以把 I 或者 B 单独作为输入信号,也可以把两者的乘积作为输入信号,通过霍尔电压输出得到测量结果。

控制电流也可以是交流量。由于建立霍尔效应所需的时间极短,约在 10^{-12} ~ 10^{-14} s 之间,所以控制电流的频率可高达 10^9 Hz 以上。

图 5-9　霍尔元件的
基本测量电路

5.2.2　将被测量转换为磁感应强度

保持霍尔元件的控制电流 I 恒定不变,就可以测量磁感应强度 B,以及位移、角度等可直接转换为 B 的物理量,进一步还可以测量先转换成位移或角度、然后间接转换为 B 的物理量,如振动、压力、速度、加速度、转速等。

霍尔式压力传感器的结构原理如图 5-10 所示。它由两部分组成:一部分是作为弹性敏感元件的弹簧管,用以感受压力 P,并将 P 转换为弹性元件的位移量 x,即 $x = K_P P$,其中系数 K_P 为常数。另一部分是霍尔元件和磁系统,磁系统形成一个均匀梯度磁场,如图 5-11 所示,在其工作范围内,$B=K_B x$,其中斜率 K_B 为常数;霍尔元件固定在弹性元件上,因此霍尔元件在均匀梯度磁场中的位移量也是 x。

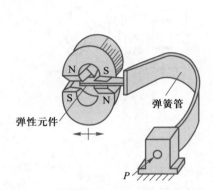 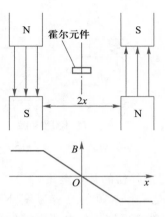

图 5-10   霍尔式压力传感器的结构原理图   图 5-11   均匀梯度磁场示意图

这样,霍尔电压 U_H 与被测压力 P 之间的关系就可表示为

$$U_H = K_H IB = K_H IK_B K_P P = SP \tag{5-3}$$

式中 S——霍尔式压力传感器的输出灵敏度,$S=K_H K_B K_P I$。

保持霍尔元件上所施加的磁感应强度 B 恒定不变,就可以测量控制电流 I,以及可以转换为 I 的物理量,如电压等。这类应用相对较少,此处不再举例。

5.2.3   霍尔式传感器的零位误差与补偿

在分析零位电动势时,可将霍尔元件等效为一个电桥,如图 5-12 所示。控制电极 A、B 和霍尔电极 C、D 可看作电桥的电阻连接点,它们之间的分布电阻 R_1、R_2、R_3、R_4 构成四个桥臂,控制电压可视为电桥的工作电压。理想情况下零位电动势 $U_M = 0$,对应于电桥的平衡状态,此时 $R_1 = R_2 = R_3 = R_4$。如果由于霍尔元件的某种结构原因造成 $U_M \neq 0$,则电桥就处于不平衡状态,此时 R_1、R_2、R_3、R_4 的阻值有差异,U_M 就是电桥的不平衡输出电压。

既然产生 U_M 的原因可归结为等效电桥四个桥臂电阻的不相等,那么任何能够使电桥达到平衡的方法都可作为零位电动势的补偿方法。

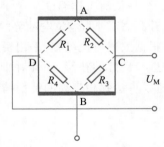

图 5-12   霍尔元件等效为一个电桥

1. 基本补偿电路

霍尔元件的零位电动势补偿电路有多种形式,图 5-13 为两种基本补偿电路,其中 R_P 是调节电阻。图 5-13(a)是在造成电桥不平衡的电阻值较大的一个桥臂上并联 R_P,通过调节 R_P 使电桥达到平衡状态,称为不对称补偿电路;图 5-13(b)则相当于在两个电桥臂上并联调节电阻,称为对称补偿电路。

基本补偿电路中没有考虑温度变化的影响。实际上,由于调节电阻 R_P 与霍尔元件等效桥臂电阻的温度系数一般都不相同,所以在某一温度下通过调节 R_P 使 $U_M = 0$ 后,当温度发生变化时平衡又被破坏了,这时又需重新进行平衡调节。事实上,图5-13(b)所示电路的温度稳定性比图 5-13(a)所示电路要好一些。

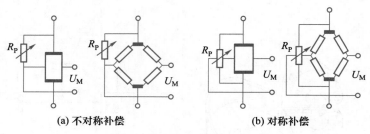

(a) 不对称补偿　　　　　　**(b) 对称补偿**

图 5-13　零位电动势的基本补偿电路

2. 具有温度补偿的补偿电路

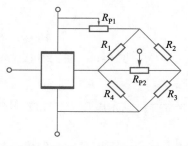

图 5-14 是一种常见的具有温度补偿的零位电动势桥式补偿电路。该补偿电路工作电压由霍尔元件的控制电压提供,其中一个桥臂为热敏电阻,并且与霍尔元件的等效电阻的温度特性相同。在该电桥的负载电阻 R_{P2} 上取出电桥的部分输出电压(称为补偿电压),与霍尔元件的输出电压反向串联。在磁感应强度 B 为零时,调节 R_{P1} 和 R_{P2},使补偿电压抵消霍尔元件此时输出的非零位电动势,从而使 $B=0$ 时的总输出电压为零。

图 5-14　零位电动势桥式补偿电路

在霍尔元件的工作温度下限 T_1 时,热敏电阻的阻值为 $R_t(T_1)$。电位器 R_{P2} 保持在某一确定位置,通过调节电位器 R_{P1} 来调节补偿电桥的工作电压,使补偿电压抵消此时的非零位电动势 U_{ML},此时的补偿电压称为恒定补偿电压。

当工作温度由 T_1 升高到 $(T_1+\Delta T)$ 时,热敏电阻的阻值为 $R_t(T_1+\Delta T)$。R_{P1} 保持不变,通过调节 R_{P2},使补偿电压抵消此时的非零位电动势 $(U_{ML}+\Delta U_M)$,此时的补偿电压实际上包含了两个分量,一个是抵消工作温度为 T_1 时的非零位电动势 U_{ML} 的恒定补偿电压分量,另一个是抵消工作温度升高 ΔT 时非零位电动势的变化量 ΔU_M 的变化补偿电压分量。

根据上述讨论可知,采用桥式补偿电路,可以在霍尔元件的整个工作温度范围内对非零位电动势进行良好的补偿,并且对非零位电动势的恒定部分和变化部分的补偿可相互独立地进行调节,所以可达到相当高的补偿精度。

5.3　霍尔接近开关

5.3.1　霍尔接近开关的工作原理

霍尔接近开关是利用半导体的磁电转换原理,将磁场信息变换成相应电信息的元器件。当磁性物体靠近霍尔接近开关时,开关检测面上的霍尔元件因产生霍尔效应而使开关内部电路状态发生变化,由此识别磁性物体存在,进而控制开关的通或断。图 5-15 为常见的几种霍尔接近开关外形。

图 5-15　常见的几种霍尔接近开关外形

霍尔接近开关工作原理如图 5-16 所示,当磁性物体靠近霍尔元件时,霍尔元件产生电动势 E_H 与基极直流电压叠加使晶体管 VT 饱和导通,其集电极的继电器吸合或光耦合器工作,使霍尔接近开关动作,改变电路原来的通、断状态,即接通或断开电路。需要注意的是,霍尔接近开关检测的对象必须是磁性物体。

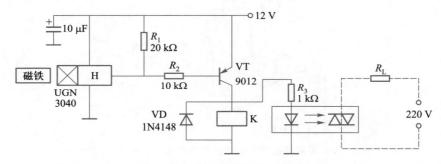

图 5-16　霍尔接近开关工作原理

5.3.2　霍尔接近开关的特点及分类

1. 霍尔接近开关的特点

霍尔接近开关与机械开关相比,具有如下特点:

① 霍尔接近开关为非接触检测,不影响被测物的运动状况;无机械磨损和疲劳损伤,工作寿命长。

② 霍尔接近开关为电子器件,响应快(一般响应时间为几毫秒或几十毫秒)。

③ 霍尔接近开关采用全封闭结构,防潮、防尘,可靠性高且维护方便。

④ 霍尔接近开关可以输出标准电信号,易与计算机或 PLC 配合使用。

2. 霍尔接近开关的分类

① 霍尔接近开关按被测量的性质可分成电量型(电流型、电压型)和非电量型两大类。

② 按照霍尔接近开关的功能可将其分为霍尔线性型接近开关和霍尔开关型接近开关,前者输出模拟量,后者输出数字量。

③ 按被检测对象的性质可将霍尔接近开关的应用分为直接应用和间接应用。前者是直接检测出受检测对象本身的磁场或磁特性,后者是检测被检测对象上人为设置的磁场,用这个磁场来作为被检测的信息的载体,通过它将许多非电、非磁的物理量,例如力、力矩、压力、应力、位置、位移、速度、加速度、角度、角速度、转数、转速以及工作状态发生变化的时间等,转变成电量来进行检测和控制。

5.3.3   霍尔接近开关的应用

霍尔接近开关可以直接测量磁场及微小位移量,也可以间接测量液位、压力等工业生产过程参数。目前,霍尔接近开关已从分立元件电路发展到集成电路阶段,越来越受到人们的重视,广泛应用于各个测量与控制技术领域。

1. 机械手极限位置控制

图 5-17 所示为霍尔接近开关在机械手极限位置控制中的应用。在机械手的手臂上安装两个磁铁,磁铁与霍尔接近开关处于同一水平面上,当磁铁随机械手运动到距霍尔接近开关几毫米时,霍尔接近开关工作,驱动电路使控制机械手动作的继电器或电磁阀释放,控制机械手停止运动,起到限位的作用。

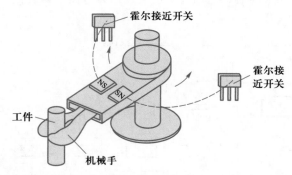

图 5-17   霍尔接近开关在机械手极限位置控制中的应用

动画
霍尔接近开关电动机测速

2. 转盘(转轴)的速度测量

在转盘上均匀地固定几个小磁铁,如图 5-18 所示,当转盘转动时,固定在转盘附近的霍尔接近开关便可在每一个小磁铁通过时产生一个脉冲,检测出单位时间内脉冲数即频率,结合转盘上小磁铁的数目便可测定转盘的转速。

图 5-18   霍尔接近开关测定转盘转速

5.3.4   实训操作   数控车床换刀效果模拟

1. 实训原理

用霍尔接近开关模拟数控车床换刀效果。如图 5-19 所示,用直流电动机的旋转模拟刀架伺服电动机的转动,用人为移动磁铁模拟刀架在电动机拖动下的运动,用霍尔接近开关模拟刀架上的位置检测元件。

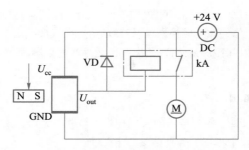

阅读
传感器技术让电气
开关更智能

图 5-19   模拟数控车床刀架控制电路

2. 实训设备

主要实训设备如表 5-2 所示。

表 5-2   主要实训设备

名称	参数或代号	数量	名称	参数或代号	数量
霍尔接近开关	HA10-1K 型 M8×20mm	1	中间继电器	kA	1
直流电源	DC 24V	1	续流二极管	VD	1
小型直流电动机	M	1	磁铁		1

3. 实训步骤

① 使霍尔接近开关固定,让贴有磁铁的被测物体从侧面向其靠近。

② 当两者相距较远时,观察直流电动机动作(U_{OUT} 输出高电平,中间继电器线圈不得电,动断触点闭合,直流电动机旋转)。

③ 移动物体接近霍尔接近开关一定位置时,观察霍尔接近开关及电动机的动作(开关动作,U_{OUT} 输出低电平,中间继电器线圈得电,动断触点断开,电动机停转)。

④ 移开被测物体,观察电动机动作(中间继电器失电,动断触点恢复导通,电动机又开始转动)。

本章小结

霍尔元件的基本结构是在一个半导体薄片的两个相对侧面安装一对控制电极,相应地焊接两根控制电流引线;在另两个相对侧面安装一对霍尔电极,相应地焊接两根霍尔电动势输出引线,然后进行封装即可。

在霍尔元件的平面法线方向施加磁感应强度 B,经由控制电流引线通入控制电流 I,则由于洛伦兹力的作用,两个霍尔电极上出现相反极性载流子的积累,从而在输出引线之间产生霍尔电压 U_H,这一现象称为霍尔效应,并且存在关系 $U_H = K_H IB$。K_H 称为霍尔元件的灵敏系数,它反映了霍尔元件的磁电转换能力。

从理论上说,当 $B=0$、$I=0$ 时,霍尔元件的输出应该为零,即 $U_H=0$,但实际上仍有一定霍尔电压输出,这就是元件的零位误差,它包括不等位电动势、寄生直流电动势、感应零电动势和自激场零电动势。

将霍尔元件的控制电流引线经由调节电阻接至电源构成输入回路,霍尔电压输出引线接至放大电路或表头等构成输出回路,就组成了基本测量电路。测出 U_H 就可求出 $I×B$,或者已知 I 和 B 中的一个量而求出另一个量。因此,任何可转换成 $I×B$ 或 I 或 B 的未知量均可通过霍尔元件进行测量。

霍尔接近开关是利用半导体的磁电转换原理,将磁场信息变换成相应电信息的元器件。它可以直接测量磁场及微小位移量,也可以间接测量液位、压力等工业生产过程参数。

思考题及习题 ■■■■■■

1. 试述霍尔电压建立的过程。霍尔电压的大小和方向与哪些因素有关?

2. 霍尔元件主要有哪些技术指标?分别是怎样定义的?

3. 霍尔元件存在不等位电动势的主要原因有哪些?如何对其进行补偿?补偿的原理是什么?

4. 为什么要对霍尔元件进行温度补偿?主要有哪些补偿方法?补偿的原理是什么?

5. 简述霍尔接近开关的工作原理和特点。

掌握压电式传感器的基本原理,了解石英晶体和压电陶瓷两种压电材料将非电量信号转换成电信号的过程,了解常用压电式传感器的结构。

知识目标

- 掌握正、逆压电效应。
- 了解压电材料的主要特性参数。
- 了解石英晶体、压电陶瓷的压电效应。
- 了解压电元件的结构。
- 了解压电式加速度传感器的结构原理。
- 了解压电式压力传感器。
- 了解压电式传感器的主要应用。

技能目标

- 能够使用压电陶瓷传感器测量刀具切削力。
- 能够安装与使用压电式玻璃破碎报警器。
- 能够对压电式加速度计进行性能测试。

压电式传感器的工作原理是基于某些介质材料的压电效应,它是一种典型的有源(发电型)传感器。压电式传感器元件是力敏感元件,所以它能测量最终能变换为力的那些物理量,例如力、压力、加速度等。

压电式传感器具有响应频带宽、灵敏度高、结构简单、工作可靠、质量小等优点。近年来,由于电子技术的飞速发展,与其配套的二次仪表和器件种类繁多,使压电式传感器的使用更为方便。因此,在许多技术领域中,压电式传感器获得了广泛的应用。

6.1 压电效应与压电材料

6.1.1 压电效应

某些电介质,当沿着一定方向对其施力而使它变形时,其内部就产生极化现象,同时在它的两个表面上便产生符号相反的电荷,当外力去掉后,又重新恢复到不带电状态,这种现象称为压电效应。当作用力方向改变时,电荷的极性也随之改变。人们把这种机械能转化为电能的现象,称为"正压电效应"。相反,当在电介质极化方向施加电场时,这些电介质也会产生变形,这种现象称为"逆压电效应"(电致伸缩效应)。压电材料能实现机-电能量的相互转换,如图 6-1 所示。

晶体的压电效应可用图 6-2 加以说明。一些晶体不受外力作用时,晶体的正负电荷中心相重合,单位体积中的电矩(极化强度)等于零,晶体对外不呈现极性,而在外力作用下晶体变形时,正负电荷的中心发生分离,这时单位体积的电矩不再为零,晶体表现出极性,如图 6-2(a)所示。另外一些晶体由于具有中心对称的结构,无论外力如何作用,晶体正负电荷的中心总是重合在一起,因此这些晶体不会出现压电效应,如图 6-2(b)所示。

图 6-1　压电效应可逆性

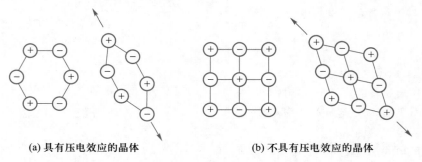

(a) 具有压电效应的晶体　　　　　　　(b) 不具有压电效应的晶体

图 6-2　晶体的压电效应

6.1.2　压电材料

在自然界中有压电效应的物质很多,常见的有石英晶体、压电陶瓷、压电薄膜等,但有的材料压电效应十分微弱。随着对材料的深入研究,人们发现石英晶体、钛酸钡、铬钛酸铅等材料是性能优良的压电材料。

压电材料的主要特性参数有:

① 压电系数。它是衡量材料压电效应强弱的参数,直接关系到压电输出的灵敏度。

② 弹性常数。压电材料的弹性常数、刚度决定着压电器件的固有频率和动态特性。

③ 介电常数。对于一定形状、尺寸的压电元件,其固有电容与介电常数有关,而固有电容又影响着压电传感器的频率下限。

④ 机械耦合系数。在压电效应中,其值等于转换输出能量(如电能)与输入能量(如机械能)之比的平方根,它是衡量压电材料电能量转换效率的一个重要参数。

⑤ 电阻。压电材料的绝缘电阻将减少电荷泄漏,从而改善压电传感器的低频特性。

⑥ 居里点温度。压电材料开始丧失压电特性的温度。

常用压电材料性能见表 6-1。

表 6-1　常用压电材料性能

压电材料性能	石英	钛酸钡	锆钛酸钡 PZT-4	锆钛酸铅 PZT-5	锆钛酸铅 PZT-8
压电系数/(pC/N)	$d_{11} = 2.31$ $d_{14} = 0.73$	$d_{15} = 260$ $d_{31} = -78$ $d_{33} = 190$	$d_{15} \approx 410$ $d_{31} = -100$ $d_{33} = 230$	$d_{15} \approx 670$ $d_{31} = -185$ $d_{33} = 600$	$d_{15} \approx 3\ 300$ $d_{31} = -90$ $d_{33} = 200$
相对介电常数 ε_r	4.5	1 200	1 050	2 100	1 000
居里点温度/℃	576	115	310	260	300

续表

压电材料性能	石英	钛酸钡	锆钛酸钡 PZT-4	锆钛酸铅 PZT-5	锆钛酸铅 PZT-8
密度/(10^3 kg/m³)	2.65	5.5	7.45	7.5	7.45
弹性模量/(10^3 N/m²)	80	110	83.3	117	123
机械品质因数	$10^5 \sim 10^6$		≥500	80	≥800
最大安全应力/(10^6 N/m²)	95~100	81	76	76	83
电阻率/Ω·m	$>10^{12}$	10^{10}(25 ℃)	$>10^{10}$	$>10^{11}$(25 ℃)	
最高允许温度/℃	550	80	250	250	
最高允许湿度(%)	100	100	100	100	

1. 石英晶体的压电效应

石英晶体有天然和人工培养两种,居里点温度为 576 ℃,优点是温度稳定性好,机械强度高,动态性能好;缺点是灵敏度低,介电常数小,价格昂贵。天然结构的石英晶体呈正六棱柱状,两端为对称的棱锥,如图 6-3(a)所示。

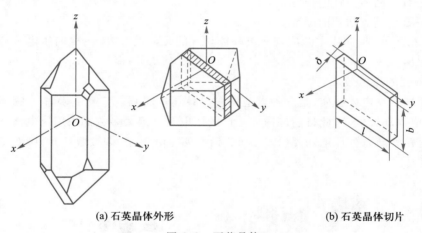

(a) 石英晶体外形   (b) 石英晶体切片

图 6-3   石英晶体

可以用三条互相垂直的轴来表示石英晶体的各向,纵向轴称为光轴(z 轴);经过棱线并垂直于光轴的称为电轴(x 轴);与光轴、电轴同时垂直的称为机械轴(y 轴)。通常把沿电轴方向的力作用下产生电荷的压电效应称为"纵向压电效应";而把沿机械轴方向的力作用下产生电荷的压电效应称为"横向压电效应"。在光轴方向受力时不产生压电效应。从石英晶体上切下的一片平行六面体称为石英晶体切片,如图 6-3(b)所示。切片长边平行于 y 轴的称为 X 切族,平行于 x 轴的称为 Y 切族。

对 X 切族的石英晶体切片,当沿电轴方向有作用力 F_x 时,在与电轴垂直的平面上产生电荷。在石英晶体的线性弹性范围内,电荷量与力成正比,可表示为

$$Q_{xx} = d_{11} F_x \tag{6-1}$$

式中 d_{11}——纵向压电系数,典型值为 2.31 C·N⁻¹。

由式(6-1)可知,纵向压电效应与晶片的尺寸无关。压电效应的方向如图 6-4 所示,当施加

压缩力时,在 x 轴正方向的一面产生正电荷,另一面则产生负电荷;当施加拉伸力时,电荷的极性相反。

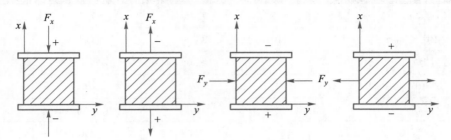

图 6-4   石英晶体切片受力与电荷极性示意图

如果沿 y 轴施力为 F_y 时,电荷仍出现在与 x 轴垂直的平面上,其电荷量为

$$Q_{xy} = d_{12}\frac{l}{\delta}F_y \tag{6-2}$$

式中 d_{12}——横向压电系数,$d_{12} = -d_{11}$;

      l——石英晶体切片的长度;

      δ——石英晶体切片的厚度。

由式(6-2)可知:横向压电效应与石英晶体切片的几何尺寸有关;横向压电效应的方向与纵向压电效应相反。

2. 压电陶瓷的压电效应

压电陶瓷属于铁电体物质,是一种人造的多晶体压电材料。它比石英晶体的压电灵敏度高得多,而制造成本却较低,因此目前国内外生产的压电元件绝大多数都采用压电陶瓷。常用的压电陶瓷材料有锆钛酸系列压电陶瓷(PZT)和非铅系列压电陶瓷(如钛酸钡)。图 6-5 所示为压电陶瓷的外形图。

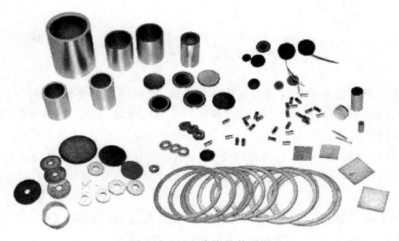

图 6-5   压电陶瓷的外形图

压电陶瓷由无数细微的电畴组成。在无外电场时,各电畴杂乱分布,其极化效应相互抵消,因此原始的压电陶瓷不具有压电特性。只有在一定的高温(100~170 ℃)下,对两个极

化面加高压电场进行人工极化后,陶瓷体内部保留有很强的剩余极化强度,当沿极化方向(定为 z 轴)施力时,则在垂直于该方向的两个极化面上产生正、负电荷,其电荷量 Q 与力 F 成正比,即

$$Q = d_{33}F \tag{6-3}$$

式中　　d_{33}——压电陶瓷的纵向压电系数,可达几十至数百。

3. 高分子压电材料

典型的高分子压电材料有聚偏二氟乙烯(PVDF)、聚氟乙烯(PVF)和改性聚四氟乙烯(PT-FE)等。高分子压电材料有很强的压电特性,同时还具有类似铁电晶体的迟滞特性和热释电特性,因此广泛应用于压力、加速度、温度等测量和无损检测场合。尤其在医学领域,由于它与人体阻抗十分接近,且便于和人体贴紧接触、安全舒适、灵敏度高、频带宽,故广泛用作脉搏计、血压计、起搏器、器官移植等的传感元件。将高分子压电电缆埋在公路上,即可获取车型的分类信息(包括轴数、轴距、轮距),进行车速监测、重量、交通数据信息采集等。

6.2 压电式传感器的结构

6.2.1 压电元件的结构形式

扩展学习
压电式传感器的等
效电路与测量电路

在压电式传感器中,压电元件一般不用单片,常采用两片或两片以上黏结在一起。由于压电材料是有极性的,因此连接方法有并联和串联两种。与单片相比,两片并联时,输出电压相同,电荷量为两倍,电容量为两倍,适用于测量缓慢变化的信号和以电荷作为输出量的场合;两片串联时,输出电荷量相等,输出电压为两倍,总电容量为 $1/2$,适用于以电压为输出信号及高输入阻抗的测量电路。

在安装压电片时必须加一定的预应力,一方面保证在交变力作用下,压电片始终受到压力;另一方面使两压电片间接触良好,避免在受力的最初阶段接触电阻随压力变化而产生非线性误差。但预应力太大,将影响灵敏度。

图 6-6 所示为压电元件的结构与组合形式。按压电元件形状分,有圆形、长方形、片状形、柱形和球壳形;按元件数分,有单晶片、双晶片和多晶片;按极性连接方式分,有串联[图 6-6(a)]和并联[图 6-6(f)、(i)]。

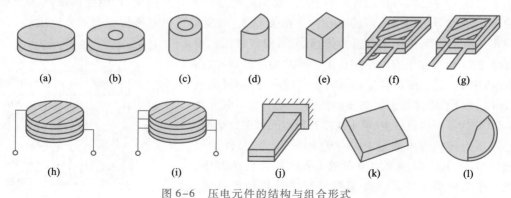

图 6-6　压电元件的结构与组合形式

6.2.2   压电式加速度传感器

压电式加速度传感器应用广泛,压电式加速度计是其中一种常用的应用。图 6-7(a)是一种压缩型压电式加速度计的结构原理图。压电元件常用两片压电陶瓷组成,两压电片间的金属片为一电极,基座为另一电极。在压电片上放一个质量块,用一弹簧压紧施加预应力。通过基座底部的螺孔将传感器紧固在被测物体上,传感器的输出电荷(或电压)即与被测物体的加速度成正比。其优点是固有频率高,频率响应好,有较高灵敏度,且结构中的敏感元件(弹簧、质量块和压电元件)不与外壳直接接触,受环境影响小,目前应用较多。

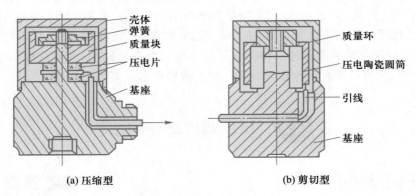

(a) 压缩型   (b) 剪切型

图 6-7   压电式加速度计

压电式加速度计的另一种结构形式如图 6-7(b)所示,它利用了压电元件的切变效应。压电元件是一个压电陶瓷圆筒,沿轴向极化。将圆筒套在基座的圆柱上,外面再套惯性质量环。当传感器受到振动时,质量环由于惯性作用,使压电圆筒产生剪切形变,从而在压电圆筒的内、外表面上产生电荷,其电场方向垂直于极化方向。其优点是具有很高的灵敏度,横向灵敏度很小,其他方向的作用力造成的测量误差很小。

压电式加速度计的使用下限频率,一般压缩型为 3 Hz,剪切型为 0.3 Hz,但在很大程度上与环境温度有关。

6.2.3   压电式压力传感器

压电式压力传感器可以测量各种压力,如车轮通过枕木时的强压力、继电器触点压力和人体脉搏的微小压力等。用得最多的是在汽车上测量气压、发动机内部燃烧压力和真空度。

图 6-8 所示为膜片式压电压力传感器,目前较常用。膜片起密封、预压和传递压力的作用。由于膜片的质量很小,而压电晶体的刚度很大,所以传感器具有很高的固有频率(高达 100 kHz 以上),尤其适用于动态压力测量。常用的压电元件是石英晶体,为了提高灵敏度,可采用多片压电元件层叠结构。

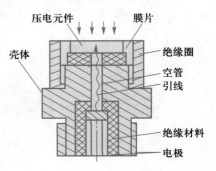

这种压力传感器可测量 $10^2 \sim 10^8$ Pa 的压力,且外形尺寸可做得很小,其下限频率由电荷放大器决定。传感器中,常设置一个附加质量块和一组极性相反的补偿压电晶体,以补偿测量时因振动造成的测量误差。

图 6-8   膜片式压电压力传感器

6.3 压电式传感器的应用

6.3.1 压电式传感器的应用范围

压电效应是某些介质在力的作用下产生形变时,在介质表面出现异种电荷的现象。实验表明,这种束缚电荷的电量与作用力成正比,而电量越多,相对应的两表面电势差(电压)也越大。例如,利用压电陶瓷将外力转换成电能的特性,可以生产出不用火石的压电打火机、煤气灶打火开关、炮弹触发引信等。此外,压电陶瓷还可以作为敏感材料,应用于扩音器、电唱头等电声器件;用于压电地震仪,可以对人类不能感知的细微振动进行监测,并精确测出震源方位和强度,从而预测地震,减少损失。利用压电效应制作的压电驱动器具有精确控制的功能,是精密机械、微电子和生物工程等领域的重要器件。

压电式传感器的被测量通常是作用力或能从某种途径将被测量转换成力的物理量。由于力的作用而在压电材料上产生的电荷,只有在无泄漏的情况下才能保存,即需要测量回路具有无限大的输入阻抗。这实际上是不可能的,因此压电式传感器不能用于静态测量。压电材料在交变力的作用下,电荷可以不断补充,可以供给测量回路一定的电流,故适于动态测量。

压电式传感器的工作原理是基于某些介质材料的压电效应。当介质材料受力作用而变形时,其表面会产生电荷,由此而实现非电量测量。压电式传感器体积小、质量小、工作频带宽,是一种力敏传感器件,它可测量各种动态力,也可测量最终能变换为力的那些非电物理量,如压力、加速度、机械冲击与振动等。压电式传感器的主要应用有:

① 柱状压电陶瓷传感器。主要用于气体打火机、煤气灶、燃气热水器、各种武器引信、压电发电机等领域。

② 管状压电陶瓷传感器。主要用于水声领域或液体传导介质,用来发射轴向无指向性超声信号或接收轴向信号,也可用于气体介质领域。

③ 矩形压电陶瓷传感器。主要用于微位移器、超声电动机、超声探头、拾振器、拾音器、制动器等领域。

④ 压电陶瓷驱动器。主要用于编织机用选针器、压电继电器及其他需要应变驱动的装置。

⑤ 压电陶瓷超声传感器。主要用于家用电器及其他电子产品的遥控装置、液面控制、超声波测距、超声波测速、接近开关、汽车防撞装置、防盗及其他装置的超声波发射和接收。

⑥ 压电陶瓷超声雾化片。主要用于工业及家庭环境加湿、车用加湿、医用药物雾化、盆景等工艺品的喷泉及喷雾。

⑦ 压电陶瓷蜂鸣片。主要用于家用电器、报警器、通信终端、计算机、玩具及其他需要声响报警的装置。

⑧ 压电陶瓷大功率超声换能元器件。主要用于工业清洗设备、超声波洗碗机、超声波洗衣机、超声波加工设备、塑料超声焊接设备、超声乳化设备、超声美容仪及其他应用大功率超声波的系统及设备。

6.3.2　压电式刀具切削力测量

图 6-9 是利用压电陶瓷传感器测量刀具切削力的示意图。压电陶瓷元件的自振频率高,特别适合测量变化剧烈的载荷。图中压电陶瓷传感器位于车刀前部的下方,当进行切削加工时,切削力通过刀具传给压电陶瓷传感器,压电陶瓷传感器将切削力转换为电信号输出,记录下电信号的变化便测得切削力的变化。

6.3.3　BS-D$_2$ 型压电式玻璃破碎报警器

BS-D$_2$ 型压电式传感器是专门用于检测玻璃破碎的一种传感器,它利用压电元件对振动敏感的特性来感知玻璃受撞击和破碎时产生的振动波。传感器把振动波转换成电压输出,输出电压经放大、滤波、比较等处理后提供给报警系统。

BS-D$_2$ 型压电式玻璃破碎传感器的外形及内部电路如图 6-10 所示。传感器的最小输出电压为 100 mV,最大输出电压为 100 V,内阻抗为 15 ~ 20 kΩ。

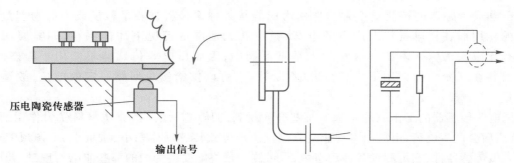

图 6-9　刀具切削力测量示意图　　　　图 6-10　BS-D$_2$ 型压电式玻璃破碎传感器

压电式玻璃破碎报警器的电路框图如图 6-11 所示。使用时传感器用胶粘贴在玻璃上,然后通过电缆和报警电路相连。为了提高报警器的灵敏度,信号经放大后,需经带通滤波器进行滤波,要求它对选定的频谱通带的衰减要小,而带外衰减要尽量大。由于玻璃振动的波长在音频和超声波的范围内,这就使滤波器成为电路中的关键。当传感器输出信号高于设定的阈值时,才会输出报警信号,驱动报警执行机构工作。玻璃破碎报警器可广泛用于文物保管、贵重商品保管及其他商品柜台等场合。

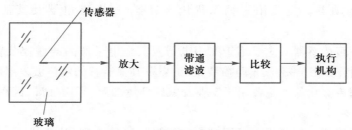

图 6-11　压电式玻璃破碎报警器电路框图

6.3.4　实训操作　压电式加速度计性能测试

1. 实训目的

了解压电式加速度计的性能、结构及应用。

2. 实训原理

压电式加速度计是压电式传感器的一种,是典型的有源传感器(发电型传感器)。其压电传感元件是敏感元件,在压力、应力、加速度等外力作用下,压电元件的电介质表面会产生电荷,从而实现非电量的测量。压电式加速度计主要由质量块和双压电晶片组成。

3. 实训设备

① CSY$_{10}$型传感器实验仪。

② 压电式传感器。

③ 电荷放大器。

④ 低频振荡器。

⑤ 低通滤波器。

⑥ 示波器。

⑦ 直流稳压电源。

⑧ 电桥。

⑨ 相敏检波器。

⑩ 电压表。

4. 实训方法和步骤

① 按图6-12接线,压电式传感器与电荷放大器必须用屏蔽线连接,屏蔽层接于地线上。

② 将低频振荡器接入激振器。保持适当的振荡幅度,用示波器观察电荷放大器和低通滤波器的输出波形,并加以比较。

③ 改变振荡频率,观察输出波形的变化,用手敲击实验台,输出波形会产生"毛刺",解释其原因。

④ 按图6-13接线。低频振荡器输出频率为5~30 Hz,差放增益调节适中,示波器的两个通道分别接差动放大器和相敏检波器的输出端。

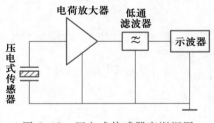
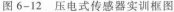
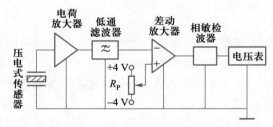

图6-12 压电式传感器实训框图   图6-13 压电式传感器性能实训系统图

⑤ 调节 R_P,使差动放大器的输出直流成分为零。方法是通过观察相敏检波器的输出波形来调节 R_P(使示波器上的两排曲线成一行即可)。因为当相敏检波器输入无直流成分时,输出的两个半波就在一条直线上。

⑥ 改变振荡频率,记录电压表数值,比较相对变化值和灵敏度。

5. 注意事项

① 平行悬臂梁振荡时应无碰撞现象,否则将严重影响输出波形。如有必要可松开梁的固定端,细心调整其位置。

② 低频振荡器的幅度应适当,避免失真。

③ 屏蔽线的屏蔽层应接在压电式传感器下面的一个输出插口上。

④ 仪器、仪表等设备应可靠接地,以减小工频干扰。

本章小结

　　石英单晶体与压电陶瓷多晶体具有正、逆压电效应,利用其正压电效应可制成压电式传感器。

　　石英晶体的右旋直角坐标系中,z 轴称光轴,该方向上没有压电效应;x 轴称电轴,垂直于 x 轴的晶面上压电效应最显著;y 轴称机械轴,沿 y 轴方向上的机械变形最显著。沿 x 轴施加力时,在力作用的两晶面上产生异性电荷,称纵向压电效应;沿 y 轴施加力时,受力的两个晶面上不产生电荷,而仍在沿 x 轴加力的两个晶面上产生异性电荷,称横向压电效应。用石英晶体制作的压电式传感器中主要应用纵向压电效应。它的特点是晶面上产生的电荷密度与作用在晶面上的压强成正比,而与晶片厚度、面积无关。横向压电效应产生的电荷密度除了与压强成正比外,还与晶片厚度成反比。

　　压电陶瓷是人工制造的多晶体,由无数细微的电畴组成。电畴具有自发的极化方向,经过极化处理的压电陶瓷才具有压电效应。沿着压电陶瓷极化方向加力时,其剩余极化强度发生变化,引起垂直于极化方向的平面上电荷量变化,这种变化的大小与压电陶瓷的压电系数和作用力的大小成正比。

　　压电陶瓷具有良好的压电效应,它的压电系数比石英晶体大得多。采用压电陶瓷制作的传感器灵敏度较高。

　　压电式传感器具有体积和质量小、结构简单、工作可靠、测量频率范围广的优点,它不能测量频率太低的被测量,更不能测量静态量,目前多用于加速度和动态力或压力的测量。

思考题及习题

一、填空与选择题

1. 压电式传感器是一种典型的_____式传感器,它以某种电介质的_____为基础。

2. 在沿着电轴 x 方向力的作用下产生电荷的现象称为_____压电效应;在沿着机械轴 y 方向力的作用下产生电荷的现象称为_____压电效应。

3. 电桥测量电路的作用是把传感器的参数变化转化为(　　)的输出。

A. 电阻　　　　B. 电容　　　　C. 电感　　　　D. 电压

4. 压电材料的绝对零度是(　　)消失的温度转变点。

A. 压电效应　　B. 逆压电效应　　C. 横向压电效应　　D. 纵向压电效应

5. 在电介质的极化方向上施加交变电场时,它会产生机械变形,当去掉外加电场时,电介质形变随之消失。这种现象称为(　　)。

A. 逆压电效应　　B. 压电效应　　C. 正压电效应　　D. 均不是

6. 压电陶瓷具有非常高的压电系数,是因为(　　)。

A. 天然具有的压电特性

B. 人工合成后产生的压电特性

C. 极化处理后材料内存有很强的剩余场极化

D. 高温烧结时产生的压电特性

二、简答题

1. 什么是压电效应？以石英晶体为例说明压电晶体是怎样产生压电效应的。

2. 常用压电材料有哪些？各有什么特点？

3. 为什么说压电式传感器只适用于动态测量,而不能用于静态测量？

4. 什么叫正压电效应和逆压电效应？什么叫纵向压电效应和横向压电效应？

5. 石英晶体 x、y、z 轴的名称及其特点是什么？

6. 简述压电陶瓷的结构及其特性。

7. 画出压电元件的两种等效电路。

8. 电荷放大器所要解决的核心问题是什么？

9. 简述压电式加速度传感器的工作原理。

10. 简述压电式传感器的特点及应用。

11. 比较石英晶体和压电陶瓷各自的特点。

第 7 章　热电式传感器

掌握热电式传感器将温度变化转换为电量变化的过程;掌握热电偶温度传感器、热电阻温度传感器、热敏电阻传感器的结构和特性;了解热电式传感器的测量原理和方法。

知识目标

- 了解热电效应。
- 掌握热电偶的工作原理。
- 掌握热电偶回路产生的热电动势的组成。
- 掌握热电偶的材料和常用热电偶的结构形式。
- 掌握热电偶冷端温度补偿。
- 了解金属热电阻测温原理、结构及应用。
- 了解热敏电阻的工作原理、分类、结构及参数。

技能目标

- 会制作简易热电偶。
- 掌握热敏电阻和热电偶测温的基本方法。

热电式传感器是利用转换元件电磁参量随温度变化的特征,对温度和与温度有关的参量进行检测的装置。其中将温度变化转换为热电动势变化的称为热电偶传感器;将温度变化转化为电阻变化的称为热电阻传感器。金属热电阻式传感器简称为热电阻;半导体热电阻式传感器简称为热敏电阻。热电式传感器在工业生产、科学研究、民用生活等许多领域得到广泛应用。

7.1　热电偶传感器

热电偶温度传感器将被测温度转化为毫伏级热电动势信号输出。热电偶温度传感器通过连接导线与显示仪表(如电测仪表)组成测温系统,实现远距离温度自动测量、显示或记录、报警及温度控制等。热电偶温度传感器属于自发电型传感器,它的测温范围为 $-270 \sim +1\,800\ ℃$,是广泛应用的温度检测系统,如图 7-1 所示。

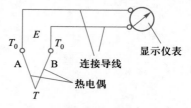

图 7-1　热电偶测温系统示意图

热电偶温度传感器的敏感元件是热电偶。热电偶由两根不同的导体或半导体一端焊接或铰接而成,如图 7-1 中 A、B 所示。组成热电偶的两根导体或半导体称为热电极;焊接的一端称为热电偶的热端,又称测量端或工作端;与导线连接的一端称为热电偶的冷端,又称参考端或自由端。

热电偶的热端一般要插入需要测温的生产设备中,冷端置于生产设备外,如果两端所处温度不同,则测温回路中会产生热电动势 E。在冷端温度 T_0 保持不变的情况下,用显示仪表测得 E 的数值后,便可知道被测温度的大小。

由于热电偶的性能稳定、结构简单、使用方便、测温范围广、有较高的准确度、信号可以远传,所以在工业生产和科学实验中应用十分广泛。

7.1.1 热电偶的工作原理

1. 热电效应

1821 年,德国物理学家塞贝克(T. J. Seebeck)发现,把两种不同的金属 A 和 B 组成一个闭合回路,并用酒精灯加热其中一个结点,放在回路中的指南针会发生偏转。如果用两盏酒精灯对两个结点同时加热,指南针的偏转角反而减小。这显然说明回路中有电动势产生并有电流在回路中流动,电流的强弱与两个结点的温差有关,如图 7-2 所示。

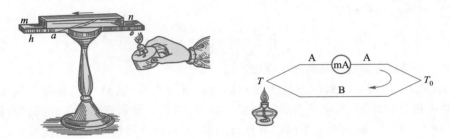

图 7-2   热电效应示意图

据此,塞贝克发现和证明了两种不同材料的导体 A 和 B 组成的闭合回路,当两个结点温度不相同时,回路中将产生电动势,这种物理现象称为热电效应。

热电效应中产生的电动势称为热电动势(又称塞贝克电动势),用 $E_{AB}(T, T_0)$ 来表示。通常把两种不同金属的这种组合称为热电偶,A 和 B 称为热电极,温度高的结点 T 称为测量端或热端,而温度低的结点 T_0 称为参考端或冷端。利用热电偶把被测温度信号转变为热电动势大小,就可间接求得被测温度值。T 与 T_0 的温差越大,热电偶的输出电动势越大;温差为 0 时,热电偶的输出电动势为 0。因此,可以用测量的热电动势大小来衡量温度的高低。

2. 热电动势的产生

热电偶回路产生的热电动势由接触电动势和温差电动势两部分组成,下面分别举例说明热电动势的产生。

(1)接触电动势

不同的导体由于材料不同,电子密度不同,设自由电子密度 $N_A > N_B$。当两种导体相接触时,从 A 扩散到 B 的电子数比从 B 扩散到 A 的电子数多,在 A、B 接触面上形成从 A 到 B 方向的静电场 E_s 如图 7-3 所示。这个电场又阻碍扩散运动,最后达到动态平衡,则此时接点处形成电动势差 $E_{AB}(T)$ 或 $E_{AB}(T_0)$,其大小可用下式表示:

$$E_{AB}(T) = \frac{kT}{e} \ln \frac{N_A(T)}{N_B(T)} = -E_{BA}(T) \tag{7-1}$$

$$E_{AB}(T_0) = \frac{kT_0}{e}\ln\frac{N_A(T_0)}{N_B(T_0)} = -E_{BA}(T_0) \tag{7-2}$$

式中　$N_A(T)$、$N_B(T)$——材料 A、B 在温度为 T 时的自由电子密度;

　　　$N_A(T_0)$、$N_B(T_0)$——材料 A、B 在温度为 T_0 时的自由电子密度;

　　　e——单位电荷,$e = 16\times10^{-19}$ C;

　　　k——玻耳兹曼常数,$k = 1.38\times10^{-23}$ J/K。

可见,接触电动势的大小与接点处温度高低和导体电子密度有关。温度越高,接触电动势越大;两种导体电子密度的比值越大,接触电动势也越大。

(2) 温差电动势

同一根导体两端处于 T 和 T_0 不同温度时,导体中会产生温差电动势。导体 A 两端温度分别为 T 和 T_0,温度不同,使得从高温端跑到低温端的电子数比从低温端跑到高温端的多,于是在高、低温端之间形成静电场。与接触电动势的形成同理,形成温差电动势 $E_A(T,T_0)$,如图 7-4 所示。其大小可用下式表示:

$$E_A(T,T_0) = \frac{k}{e}\int_{T_0}^{T}\frac{1}{N_{At}}\frac{d(N_{At}\cdot t)}{dt}dt = -E_A(T_0,T) \tag{7-3}$$

式中　N_{At}——A 导体在温度 t 时的电子密度。

可见,$E_A(T,T_0)$ 与导体材料的电子密度和温度及其分布有关,且呈积分关系。若导体为均质导体,即热电极材料均匀,其电子密度只与温度有关,与其长度和粗细无关,在同样温度下电子密度相同。则 $E_A(T,T_0)$ 的大小与中间温度分布无关,只与导体材料和两端温度有关。

(3) 热电偶回路总电动势

热电偶回路接触电动势和温差电动势分布如图 7-5 所示,则热电偶回路总电动势为

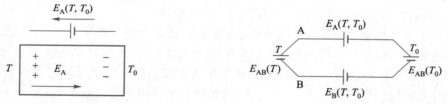

图 7-4　温差电动势　　　　　　　图 7-5　热电偶回路总热电动势

$$E_{AB}(T,T_0) = E_{AB}(T,0) - E_{AB}(T_0,0) \tag{7-4}$$

式中　$E_{AB}(T,T_0)$——由 A、B 材料构成的热电偶在端点温度为 T 和 T_0 时的总热电动势;

　　　$E_{AB}(T,0)$——由 A、B 材料构成的热电偶在端点 T 处的热电动势;

　　　$E_{AB}(T_0,0)$——由 A、B 材料构成的热电偶在端点 T_0 处的热电动势。

在回路电动势中,电子密度大的热电极 A 称为正极,电子密度小的热电极 B 称为负极。

保持冷端温度 T_0 不变,对于确定材料的热电偶,E 与 T 之间呈单值关系,可以用精密实验法测得。用显示仪表测得 E,即可知热端温度 T。

热电偶的热电动势与温度的对应关系通常使用热电偶分度表来查询。分度表的编制是在冷端(参考端)温度为 0 ℃ 时进行的,根据不同热电偶类型,分别制成表格形式。现行热电偶分度表是按 1990 国际温标的要求制定的,利用分度表可查出 $E(T,0)$,即冷端温度为 0 ℃、热端温度为 T(单位为℃)时的回路热电动势。

由式(7-4)可得出如下结论:

① 由一种均质材料(导体或半导体)两端焊接组成闭合回路,无论导体截面如何、温度分布如何,将不产生接触电动势,温差电动势相抵消,回路中总电动势为零。

② 如果热电偶两端点温度相同,尽管由两种材料焊接组成闭合回路,同样回路中总电动势为零。

③ 热电偶回路热电动势的大小只与材料和端点温度有关,与热电偶的尺寸、形状无关。

3. 热电偶的基本定律

使用热电偶测温,要应用以下几条基本定律为理论依据。

(1) 中间温度定律

如图7-6所示,热电偶回路两接点(温度为 T、T_0)间的热电动势,等于热电偶在温度为 T、T_n 时的热电动势与在温度为 T_n、T_0 时的热电动势的代数和。即

$$E_{AB}(T,T_n)+E_{AB}(T_n,T_0)=E_{AB}(T,T_0)$$

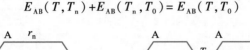
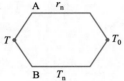
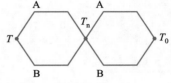

图7-6　中间温度定律示意图

热电偶分度表按冷端温度为 0 ℃ 时分度,若冷端温度不为 0 ℃,则可视实际冷端温度 T_0 为中间温度 T_n,则满足

$$E_{AB}(T,0)=E_{AB}(T,T_0)+E_{AB}(T_0,0) \tag{7-5}$$

(2) 中间导体定律

在热电偶回路中接入中间导体(第三导体 C),只要中间导体两端温度相同,中间导体的引入对热电偶回路总电动势没有影响,这就是中间导体定律。在热电偶测温应用中,中间导体的接入不外乎图7-7(a)、(b)所示两种方式。图7-7(a)的等效原理如图7-7(c)所示。

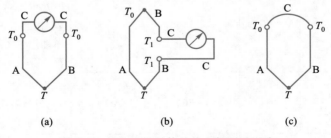

(a)　　　　　　(b)　　　　　　(c)

图7-7　接入中间导体的热电偶测温回路

由此可知,热电偶具有中间导体定律这一特性,不但可以允许在回路中接入电气测量仪表,如图7-7(b)所示,而且也允许采用任意的方法来焊接热电偶。

7.1.2　热电偶的材料

1. 标准化热电偶

目前,国际电工委员会(IEC)认证的性能较好的标准化热电偶有 8 种,国际上称之为"字母

标志热电偶",即其名称用专用字母表示,这个字母即热电偶型号标志,称为分度号,是各种类型热电偶的一种很方便的缩写形式。热电偶名称由热电极材料命名,正极写在前面,负极写在后面,如表 7-1 所示。

表 7-1　热电偶特性表

名称	分度号	代号	测温范围/℃	100 ℃时的热电动势/mV	特点
铂铑$_{30}$-铂铑	B（LL-2）	WRR	50 ~ 1 820	0.033	熔点高,测温上限高,性能稳定,精度高,100 ℃以下时热电动势极小,可不必考虑冷端补偿;价昂,热电动势小;只适用于高温域的测量
铂铑$_{13}$-铂	R（PR）	—	–50 ~ 1 768	0.647	使用上限较高,精度高,性能稳定,复现性好;但热电动势较小,不能在金属蒸气和还原性气体中使用,在高温下连续使用特性会逐渐变坏,价昂,多用于精密测量
铂铑$_{10}$-铂	S（LB-3）	WRP	–50 ~ 1 768	0.646	同上,但性能不如铂铑$_{13}$-铂热电偶。长期以来曾经作为国际温标的法定标准热电偶
镍铬-镍硅	K（EU-2）	WRN	–270 ~ 1 370	4.095	热电动势大,线性好,稳定性好,价廉;但材质较硬,在 1 000 ℃以上长期使用会引起热电动势漂移;多用于工业测量
镍铬硅-镍硅	N	—	–270 ~ 1 370	2.774	一种新型热电偶,各项性能比 K 型热电偶更好;适宜于工业测量
镍铬-铜镍（康铜）	E（EA-2）	WRK	–270 ~ 800	6.319	热电动势比 K 型热电偶大 50%左右,线性好,耐高湿度,价廉;但不能用于还原性气体;多用于工业测量
镍铬-铜镍（康铜）	J（JC）	—	–210 ~ 760	5.269	价格低廉,在还原性气体中较稳定;但易被腐蚀和氧化;多用于工业测量
镍铬-铜镍（康铜）	T（CK）	WRC	–270 ~ 400	4.279	价廉,加工性能好,离散性小,性能稳定,线性好,精度高;铜在高温时易被氧化,测温上限低;多用于低温域测量,可作–200 ~ 0 ℃温域的计量标准

注:① 铂铑$_{30}$表示该合金含 70%铂及 30%铑。② 括号内为我国旧的分度号。

2. 非标准化热电偶

非标准化热电偶在生产工艺上还不够成熟,在应用范围和数量上均不如标准化热电偶。它没有统一的分度表,也没有与其配套的显示仪表,但这些热电偶具有某些特殊性能,能满足一些特殊条件下测温的需要,如超高温、极低温、高真空或核辐射环境,因此在应用方面仍有重要意义。

非标准化热电偶有铂铑系、铱铑系、钨铼系及金铁、双铂钼等热电偶等。

7.1.3 常用热电偶

热电偶温度传感器广泛应用于工业生产过程温度测量,根据它们的用途和安装位置不同,常用热电偶包括普通型、铠装式、薄膜式、表面式和浸入式热电偶等多种结构形式。

1. 普通型热电偶

普通型热电偶又称工业装配式或普通装配式热电偶。通常都由热电极、绝缘套管、保护管和接线盒等主要部分组成。其中,热电极、绝缘套管和接线座组成热电偶的感温元件,如图7-8所示,一般制成通用性部件,可以装在不同的保护管和接线盒中。接线座作为热电偶感温元件和热电偶接线盒的连接件,将感温元件固定在接线盒上,其材料一般使用耐火陶瓷。

① 热电极。热电极作为测温敏感元件,是热电偶温度传感器的核心部分,其测量端通常采用焊接方式构成。

② 绝缘套管。两热电极之间要求有良好的绝缘,绝缘套管用于防止两根热电极短路。

③ 保护管。为延长热电偶的使用寿命,使之免受化学和机械损伤,通常将热电极(含绝缘套管)装入保护管内,起到保护、固定和支撑热电极的作用。作为保护管的材料应有较好的气密性,不使外部介质渗透到保护管内;有足够的机械强度,抗弯抗压;物理、化学性能稳定,不产生对热电极的腐蚀;高温环境使用,耐高温和抗震性能好。

④ 接线盒。热电偶的接线盒用来固定接线座和连接外接导线之用,起着保护热电极免受外界环境侵蚀和外接导线与接线柱良好接触的作用。接线盒一般由铝合金制成,根据被测介质温度对象和现场环境条件要求,可设计成普通型、防溅型、防水型和防爆型等接线盒。

接线盒与感温元件、保护管装配成热电偶产品即形成相应类型的热电偶温度传感器,如图7-9所示。

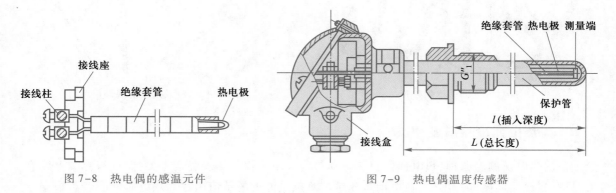

图7-8 热电偶的感温元件　　　　图7-9 热电偶温度传感器

2. 铠装热电偶

铠装热电偶是由金属套管、绝缘材料和热电极经焊接密封和装配等工艺制成的坚实组合体。金属套管材料为铜、不锈钢(1Cr18Ni9Ti)和镍基高温合金(GH30)等,绝缘材料常使用电熔氧化镁、氧化铝、氧化铍等的粉末。热电极无特殊要求。套管中热电极有单支(双芯)、双支(四芯),

彼此间互不接触。我国已生产 S 型、R 型、B 型、K 型、E 型、J 型和铱铑$_{40}$–铱等铠装热电偶,套管最长达 100 m 以上,管外径最细能达 0.25 mm。铠装热电偶已达到标准化、系列化。铠装热电偶体积小、热容量小、动态响应快、可挠性好,具有良好柔软性,强度高、耐压、耐震、耐冲击,因此被广泛应用于工业生产过程。铠装热电偶的外形如图 7–10 所示。

图 7–10　铠装热电偶外形

3. 薄膜热电偶

薄膜热电偶是由两种金属薄膜连接而成的一种特殊结构的热电偶。它的测量端既小又薄,热容量很小,可用于微小面积上的温度测量;动态响应快,可测量快速变化的表面温度。

应用时薄膜热电偶用胶黏剂紧粘在被测物表面,所以热损失很小,测量精度高。由于使用温度受胶黏剂和衬垫材料限制,目前只能用于 –200 ~ 300 ℃ 范围。

4. 表面热电偶

表面热电偶主要用于测量金属块、炉壁、涡轮叶片、轧辊等固体表面温度。表面热电偶的外形如图 7–11 所示。

5. 浸入式热电偶

浸入式热电偶主要用于测量钢水、铜水、铝水以及熔融合金的温度。浸入式热电偶的外形如图 7–12 所示。

图 7–11　表面热电偶外形

图 7–12　浸入式热电偶外形

7.1.4　热电偶冷端温度补偿

根据热电偶测温原理,热电偶回路热电动势的大小不仅与热端温度有关,而且与冷端温度有关,只有当冷端温度保持不变,热电动势才是被测热端温度的单值函数。热电偶分度表和根据分度表刻度的显示仪表都要求冷端温度恒定为 0 ℃,否则将产生测量误差。然而在实际应用中,由于热电偶的冷端与热端距离通常很近,冷端(接线盒处)又暴露于空间,受到周围环境温度波动的影响。冷端温度很难保持恒定,保持在 0 ℃ 就更难,因此必须采取措施,消除冷端温度变化和不为 0 ℃ 所产生的影响,进行冷端温度补偿。

1. 补偿导线

补偿导线是由两种不同性质的廉价金属材料制成,在一定温度范围内(0～100 ℃)与所配接的热电偶具有相同的热电特性的特殊导线。在图 7-1 所示热电偶测温系统示意图中,用补偿导线(连接导线)连接热电偶和显示仪表,根据中间温度定律,热电偶与补偿导线产生的热电动势之和为 $E(T, T_0)$,因此补偿导线的使用相当于将热电极延伸至与显示仪表的接线端,使回路热电动势仅与热端和补偿导线与仪表接线端(新冷端)温度有关,而与热电偶接线盒处(原冷端)温度变化无关。

常用热电偶补偿导线见表 7-2,常用热电偶分度表见表 7-3～表 7-6。

表 7-2　常用热电偶补偿导线

补偿导线型号	配用热电偶	补偿导线材料		补偿导线绝缘层着色	
		正极	负极	正极	负极
SC	S	铜	铜镍合金	红色	绿色
KC	K	铜	铜镍合金	红色	蓝色
KX	K	镍铬合金	镍硅合金	红色	黑色
EX	E	镍硅合金	铜镍合金	红色	棕色
JX	J	铁	铜镍合金	红色	紫色
TX	T	铜	铜镍合金	红色	白色

表 7-3　铂铑₁₀-铂热电偶(分度号为 S)分度表

工作端温度/℃	0	10	20	30	40	50	60	70	80	90
	热电动势/mV									
0	0.000	0.055	0.113	0.173	0.235	0.299	0.365	0.432	0.502	0.573
100	0.645	0.719	0.795	0.872	0.950	1.029	1.109	1.190	1.273	1.356
200	1.440	1.525	1.611	1.689	1.785	1.873	1.962	2.051	2.141	2.232
300	2.323	2.414	2.506	2.599	2.692	2.786	2.880	2.974	3.069	3.164
400	3.260	3.356	3.452	3.549	3.645	3.743	3.840	3.938	4.036	4.135
500	4.234	4.333	4.432	4.532	4.632	4.732	4.832	4.933	5.034	5.136
600	5.237	5.339	5.442	5.544	5.648	5.751	5.855	5.960	6.064	6.169
700	6.274	6.380	6.486	6.592	6.699	6.805	6.913	7.020	7.128	7.236
800	7.345	7.454	7.563	7.672	7.782	7.892	8.003	8.114	8.225	8.336
900	8.448	8.560	8.673	8.786	8.899	9.012	9.126	9.240	9.355	9.470
1 000	9.585	9.700	9.816	9.932	10.048	10.165	10.282	10.400	10.517	10.635
1 100	10.754	10.872	10.991	11.110	11.229	11.348	11.467	11.587	11.707	11.827
1 200	11.947	12.167	12.188	12.308	12.429	12.550	12.671	12.792	12.913	13.034
1 300	13.155	13.276	13.397	13.519	13.640	13.761	13.883	14.004	14.125	14.247
1 400	14.368	14.489	14.610	14.731	14.852	14.793	15.094	15.215	15.336	15.456
1 500	15.576	15.697	15.817	15.937	16.057	16.176	16.296	16.415	16.534	16.653
1 600	16.771									

表 7-4 铂铑$_{30}$-铂铑$_6$热电偶(分度号为 B)分度表

工作端温度/℃	0	10	20	30	40	50	60	70	80	90
	热电动势/mV									
0	−0.000	−0.002	−0.003	−0.002	0.000	0.002	0.006	0.011	0.017	0.025
100	0.033	0.043	0.053	0.065	0.078	0.092	0.107	0.123	0.140	0.159
200	0.178	0.199	0.220	0.243	0.266	0.291	0.317	0.344	0.372	0.401
300	0.431	0.462	0.494	0.527	0.561	0.596	0.632	0.669	0.707	0.746
400	0.786	0.827	0.870	0.913	0.957	1.002	1.048	1.095	1.143	0.746
500	1.241	1.292	1.344	1.397	1.450	1.505	1.560	1.617	1.674	1.732
600	1.791	1.851	1.912	1.974	2.036	2.100	2.164	2.230	2.296	2.363
700	2.430	2.499	2.569	2.639	2.710	2.782	2.855	2.928	3.003	3.078
800	3.154	3.231	3.308	3.387	3.466	3.546	3.626	3.708	3.790	3.873
900	3.957	4.041	4.126	4.212	4.298	4.386	4.474	4.562	4.652	4.742
1 000	4.833	4.924	5.016	5.109	5.202	5.297	5.391	5.487	5.583	5.680
1 100	5.777	5.875	5.973	6.073	6.172	6.273	6.374	6.475	6.577	6.680
1 200	6.783	6.887	6.991	7.096	7.202	7.308	7.414	7.521	7.628	7.736
1 300	7.845	7.953	8.063	8.172	8.283	8.393	8.504	8.616	8.727	8.339
1 400	8.952	9.065	9.178	9.291	9.405	9.519	9.634	9.748	9.863	9.979
1 500	10.094	10.210	10.325	10.441	10.558	10.674	10.790	10.907	11.024	11.141
1 600	11.257	11.374	11.491	11.608	11.725	11.842	11.959	12.076	12.193	12.310
1 700	12.426	12.543	12.659	12.776	12.892	13.008	13.124	13.239	13.354	13.470
1 800	13.585									

表 7-5 镍铬-镍硅热电偶(分度号为 K)分度表

工作端温度/℃	0	10	20	30	40	50	60	70	80	90
	热电动势/mV									
−0	−0.000	−0.392	−0.777	−1.156	−1.527	−1.889	−2.243	−2.586	−2.920	−3.242
0	0.000	0.397	0.798	1.203	1.611	2.022	2.436	2.850	3.266	3.681
100	4.095	4.508	4.919	5.327	5.733	6.137	6.539	6.939	7.338	7.737
200	8.137	8.537	8.937	9.341	9.745	10.151	10.560	10.969	11.381	11.793
300	12.207	12.623	13.039	13.456	13.874	14.292	14.712	15.132	15.552	15.974
400	16.395	16.818	17.241	17.664	18.088	18.513	18.938	19.363	19.788	20.214
500	20.640	21.066	21.493	21.919	22.346	22.772	23.198	23.624	24.050	24.476
600	24.902	25.327	25.751	26.176	26.599	27.022	27.445	27.867	28.288	28.709
700	29.128	29.547	29.965	30.383	30.799	31.214	31.629	32.042	32.455	32.866
800	33.277	33.686	34.095	34.502	34.909	35.314	35.718	36.121	36.524	36.925
900	37.325	37.724	38.122	38.519	38.915	39.310	39.703	40.096	40.488	40.897
1 000	41.269	41.657	42.045	42.432	42.817	43.202	43.585	43.968	44.349	44.729
1 100	45.108	45.486	45.863	46.238	46.612	46.985	47.356	47.726	48.095	48.462
1 200	48.828	49.192	49.555	49.916	50.276	50.633	50.990	51.344	51.697	52.049
1 300	52.398									

表 7-6 铜-康铜热电偶(分度号为 T)分度表

工作端温度/℃	0	10	20	30	40	50	60	70	80	90
	热电动势/mV									
−200	−5.603	−5.753	−5.889	−6.007	−6.105	−6.181	−6.232	−6.258		
−100	−3.378	−3.656	−3.923	−4.177	−4.419	−4.648	−4.865	−5.069	−5.261	−5.439
−0	−0.000	−0.383	−0.757	−1.121	−1.475	−1.819	−2.152	−2.475	−2.788	−3.089
0	0.000	0.391	0.789	1.196	1.611	2.035	2.467	2.908	3.357	3.813
100	4.277	4.749	5.227	5.712	6.204	6.702	7.207	7.718	8.235	8.757
200	9.286	9.320	10.360	10.905	11.456	12.011	12.572	13.137	13.707	14.281
300	14.360	15.443	16.030	16.621	17.217	17.816	18.420	19.027	19.638	20.252
400	20.869									

补偿导线起到了延伸热电极的作用,达到了移动热电偶冷端位置的目的。正是由于使用补偿导线,在测温回路中产生了新的热电动势,实现了一定程度的冷端温度自动补偿。

补偿导线分为延伸型(X)补偿导线和补偿型(C)补偿导线。延伸型补偿导线选用的金属材料与热电极材料相同;补偿型补偿导线所选金属材料与热电极材料不同。

在使用补偿导线时,要注意补偿导线型号与热电偶型号匹配、正负极与热电偶正负极对应连接、补偿导线所处温度不超过 100 ℃,否则将造成测量误差。

2. 冷端温度校正法

配用补偿导线,将冷端延伸至温度基本恒定的地方,但新冷端若不恒为 0 ℃,配用按分度表刻度的温度显示仪表,必定会引起测量误差,必须予以校正。

(1)计算修正法

已知冷端温度 t_0,根据中间温度定律,应用下式进行修正:

$$E(t,0) = E(t,t_0) + E(t_0,0) \tag{7-6}$$

式中 $E(t,t_0)$——回路实际热电动势。

(2)机械零位调整法

当冷端温度比较恒定时,工程上常用仪表机械零位调整法,如动圈仪表的使用。可在仪表未工作时,直接将仪表机械零位调至冷端温度处。由于外线路电动势输入为零,调整机械零位相当于预先给仪表输入一个电动势 $E(t_0,0)$。当接入热电偶后,外电路热电动势 $E(t,t_0)$ 与表内预置电动势 $E(t_0,0)$ 叠加,使回路总电动势正好为 $E(t,0)$,仪表直接指示出热端温度 t。使用仪表机械零位调整法简单方便,但冷端温度发生变化时,应及时断电,重新调整仪表机械零位,使之指示到新的冷端温度上。

3. 冰浴法

实验室常采用冰浴法使冷端温度保持为恒定 0 ℃,对热电偶进行热电动势值的校验。

4. 补偿电桥法

补偿电桥法利用不平衡电桥产生的不平衡电动势来补偿因冷端温度变化而引起的热电动势变化值,可以自动地将冷端温度校正到补偿电桥的平衡点温度上。

补偿电桥的应用如图 7-13 所示。桥臂电阻 R_1、R_2、R_3、R_{Cu} 与热电偶冷端处于相同的温度环境,R_1、R_2、R_3 均为由锰铜丝绕制的 1 Ω 电阻,R_{Cu} 是用铜导线绕制的温度补偿电阻。$E = 4$ V 是经稳压电源提供的桥路直流电源。R_s 是限流电阻,阻值因配用的热电偶不同而不同。

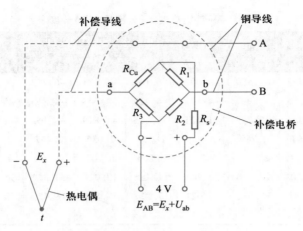

图 7-13　热电偶冷端补偿电桥

　　一般选择 R_{Cu} 阻值,使不平衡电桥在 20 ℃时处于平衡,此时 $R_{Cu}=1$ Ω,20 ℃称为平衡点温度,电桥平衡,不起补偿作用。冷端温度变化,热电偶热电动势 E_x 将变化:$E(t,t_0)-E(t,20)=E(20,t_0)$,此时电桥不平衡,适当选择 R_{Cu} 的大小,使 $U_{ab}=E(t_0,20)$,与热电偶热电动势叠加,则外电路总电动势保持 $E_{AB}(t,20)$,不随冷端温度变化而变化。如果配用仪表机械零位调整法进行校正,则仪表机械零位应调至冷端温度补偿电桥的平衡点温度(20 ℃)处,不必因冷端温度变化重新调整。

　　冷端补偿电桥可以单独制成补偿器,通过外线连接热电偶和后续仪表,更多的是作为后续仪表的输入回路,与热电偶连接。

7.1.5　实训操作　制作简易热电偶

1. 实训设备

　　数字万用表、酒精灯、砂纸、电工剪、200 mm 左右的漆包铜线($\phi 0.4$ mm)和康铜丝($\phi 0.4$ mm)各一根。

2. 实训方法和步骤

　　① 将漆包铜丝和康铜丝两端长约 10 mm 部分用砂纸打磨光亮,除去漆包绝缘层和氧化层。

　　② 将上述两段金属丝一端互相绞紧连接,剪去多余端头,如图 7-14(a)所示,这样就制成了一个简易热电偶。

生活案例
热电偶传感器在家庭燃气热水器中的应用

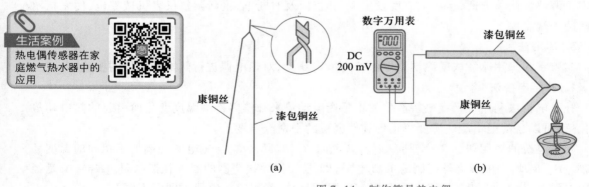

图 7-14　制作简易热电偶

③ 将数字万用表拨至 DC 200 mV 挡后接热电偶,读取此时的电压值。

④ 用酒精灯加热热电偶的工作端(绞紧连接点),观察数字万用表电压显示值的变化,如图 7-14(b)所示。

⑤ 将酒精灯逐渐远离热电偶,观察记录电压数值。

为防止简易热电偶热端加热后氧化,实验中加热时间不宜太长。实验结果表明,数字万用表所显示的电压是由于酒精灯加热热电偶的工作端引起的,而且温度越高,产生的电压越高。当酒精灯停止加热,热电偶工作端逐渐恢复常温后,电压逐渐减小,最终消失。

 ## 7.2 金属热电阻传感器

7.2.1 金属热电阻测温原理

金属热电阻是利用导体电阻随温度变化这一特性来测量温度的。

热电偶传感器适用于测量 500 ℃ 以上的高温,对于 500 ℃ 以下的中、低温的测量,就会遇到热电动势小、干扰大和冷端温度引起的误差大等问题,为此常用电阻式传感器作为测温元件。电阻式传感器分为金属热电阻传感器和半导体热电阻传感器两类。前者称为热电阻,后者称为热敏电阻。电阻式传感器广泛用于测量 -200 ~ 960 ℃ 范围内的温度。它是利用导体或半导体的电阻随温度变化而变化的性质工作的,用仪表测量出热电阻的阻值变化,从而得到与电阻值对应的温度值。

当金属热电阻温度升高时,金属内部子晶格的振动加剧,从而使金属内部的自由电子通过金属导体时的阻力增大,宏观上表现出电阻率变大,总电阻值增加。

多数金属导体的电阻随温度变化的关系可由下式表示:

$$R_t = R_0 \left[1 + \alpha (t - t_0) \right] \tag{7-7}$$

式中　　R_t、R_0——热电阻在温度为 t 和 t_0 时的电阻值;

　　　　α——热电阻的电阻温度系数,单位为 1/℃;

　　　　t——被测温度,单位为 ℃。

由式(7-7)可知,只要保持不变,则金属电阻将随温度线性地增加,其灵敏度为

$$K = \frac{1}{R_0} \times \frac{dR_t}{dt} = \frac{1}{R_0} \times R_0 \alpha = \alpha \tag{7-8}$$

由此可见,热电阻 R_0 的电阻温度系数 α 越大,灵敏度 K 越大。纯金属的电阻温度系数为 (0.3% ~ 0.6%)/℃,而绝大多数金属导体的温度系数不是常数,随温度变化而变化,只能在一定的温度范围内把它近似地看作一个常数。不同的金属导体,保持常数所对应的温度不相同,而且这个范围均小于该导体能够工作的温度范围。

7.2.2 金属热电阻的材料

纯金属具有正的温度系数,可以作为测温元件。作为测温用的热电阻应具有下列要求:电阻温度系数大,以获得较高的灵敏度;电阻率高,元件尺寸可以小;电阻值随温度变化尽量是线性关系;在测温范围内,物理、化学性能稳定;材料质纯、加工方便和价格便宜等。金属热电阻种类较

多,如铂、铜、镍、铁等,常用的有铂电阻和铜电阻。

1. 铂电阻

铂丝是目前公认制造热电阻的最好材料,物理、化学性能非常稳定,长期复现性最好,测量精度高、易于提纯。铂电阻主要用作标准电阻温度计,常用的有 Pt100,测温范围为 $-200 \sim 660$ ℃,电阻温度系数为 3.9×10^{-3}/℃,0 ℃时电阻值为 100 Ω。但铂在高温下,易受还原性介质污染,使铂丝变脆并改变铂丝电阻与温度间的关系,因此使用时应装在保护套管中,如图 7-15 所示。

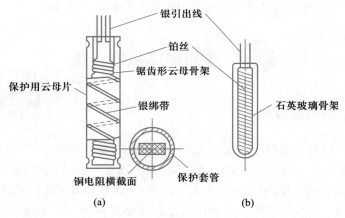

图 7-15 铂电阻体的结构

铂电阻的纯度以电阻 $R(100 ℃)/R(0 ℃)$ 来表示,一般工业用铂电阻温度计对纯度要求不少于 1.385 1。目前我国常用的铂电阻有两种,分度号 Pt100 和 Pt10,最常用的是 Pt100,$R(0 ℃) = 100.00$ Ω,分度表见表 7-7。

表 7-7 铂电阻(分度号 Pt100)分度表

温度/℃	0	10	20	30	40	50	60	70	80	90
	电阻值/Ω									
−200	18.49	—	—	—	—	—	—	—	—	—
−100	60.25	56.19	52.11	48.00	43.37	39.71	35.53	31.32	27.08	22.80
−0	100.00	96.09	92.16	88.22	84.27	80.31	76.32	72.33	68.33	64.30
0	100.00	103.90	107.79	111.67	115.54	119.40	123.24	127.07	130.89	134.70
100	136.50	142.29	146.06	149.82	153.58	157.31	161.04	164.76	168.46	172.16
200	175.84	179.51	183.17	186.32	190.45	194.07	197.69	201.29	204.88	208.45
300	212.02	215.57	219.12	222.65	226.17	229.67	233.17	236.65	240.13	243.59
400	247.14	250.48	253.72	257.32	260.72	264.11	267.49	270.86	274.22	277.56
500	280.90	284.22	287.53	290.83	294.11	297.39	300.65	303.91	307.15	310.38
600	313.59	316.80	319.99	323.18	326.35	329.51	332.66	335.79	338.92	342.03
700	345.13	348.22	351.30	354.37	357.42	360.47	363.50	366.52	369.53	372.52
800	375.51	378.48	381.45	384.40	387.34	390.26	—	—	—	—

2. 铜电阻

铜电阻也是工业上普遍使用的热电阻。铜容易加工提取,其电阻温度系数很大,电阻与温度之间关系呈线性,价格便宜、纯度高、复制性好,电阻温度系数 $\alpha = (4.25 \sim 4.28) \times 10^{-3}/℃$,线性特性仅次于铂和银,但比铂电阻有较高的灵敏度,常用来做 $-50 \sim 150 ℃$ 范围内的工业用电阻温度计。其缺点是电阻率较低,容易氧化。所以铜电阻温度计常用于测量准确度要求不很高、温度较低的场合。

目前国标规定的铜热电阻有 Cu50 和 Cu100 两种,其 $R(0 ℃)$ 分别为 50Ω 和 100Ω。铜电阻的电阻比 $R(100 ℃)/R(0 ℃) = 1.428 \pm 0.002$。分度表见表 7-8 和表 7-9。

表 7-8　铜电阻(分度号为 Cu50)分度表

温度/℃	0	10	20	30	40	50	60	70	80	90
	电阻值/Ω									
−0	50.00	47.85	45.70	43.55	41.40	39.24	—	—	—	—
0	50.00	52.14	54.28	56.42	58.56	60.70	62.84	64.98	67.12	69.26
100	71.40	73.54	75.68	77.83	79.89	82.13				

表 7-9　铜电阻(分度号为 Cu100)分度表

温度/℃	0	10	20	30	40	50	60	70	80	90
	电阻值/Ω									
−0	100.00	95.70	91.40	87.10	82.80	78.49	—	—	—	—
0	100.00	104.28	108.56	112.84	117.12	121.40	125.68	129.96	134.24	138.52
100	142.80	147.08	151.36	155.66	159.96	164.27	—	—	—	—

7.2.3　金属热电阻的结构及应用

1. 铂电阻

金属热电阻的结构通常由电阻体、绝缘体、保护套管和接线盒四部分组成。铂电阻体常见结构形式如图 7-15 所示,其中图 7-15(a)为云母片做骨架,把云母片两边做成锯齿状,将铂丝绕在云母骨架上,然后用两片无锯齿云母夹住,再用银绑带扎紧。铂丝采用双线法绕制,以消除电感;图 7-15(b)采用石英玻璃做骨架,具有良好的绝缘和耐高温特性,把铂丝双绕在直径为 3 mm 的石英玻璃上,为使铂丝绝缘和不受化学腐蚀及机械损伤,在石英管外再套一个外径为 5 mm 的石英管。铂电阻体用银丝作为引出线。

2. 铜电阻

铜电阻体结构如图 7-16 所示。它采用直径约 0.1 mm 的绝缘铜线,用双线绕法分层绕在圆柱形塑料支架上;用直径 1 mm 的铜丝或镀银铜丝做引出线。

3. 热电阻传感器的应用实例

图 7-17 是一个热电阻流量计的电原理图。两个铂电阻探头,R_{t1} 放在管道中央,它的散热情况受介质流速的影响;R_{t2} 放在温度与流体相同,但不受介质流速影响的小室中。当介质处于静止状态时,电桥处于平衡状态,流量计没有指示;当介质流动时,R_{t1} 由于介质流动带走热量,温度的变化引起阻值变化,电桥失去平衡而有输出,电流计的指示直接反映流量的大小。

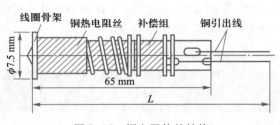

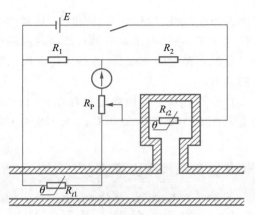

图 7-16　铜电阻体的结构　　　　　　图 7-17　热电阻流量计电原理图

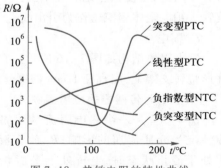

7.3　热　敏　电　阻

7.3.1　热敏电阻的工作原理

热敏电阻是利用半导体的电阻随温度变化的特性制成的测温元件。

与金属材料相比,半导体材料的电阻率温度系数为金属材料的 10 ~ 100 倍,甚至更高,而且根据选择的半导体材料不同,电阻率温度系数有从 $-(1 \sim 6)\%/℃ \sim 60\%/℃$ 范围的各种数值,因此使用半导体材料可以制作灵敏度高、具有各种性能、适用于各种领域的执行元件,这种热敏元件通常称为热敏电阻。

热敏电阻按温度系数可分为负温度系数热敏电阻(NTC)和正温度系数热敏电阻(PTC)两大类。NTC 热敏电阻的型号是 MF,PTC 热敏电阻的型号是 MZ。

NTC 热敏电阻研制得较早,也较成熟。最常见的是由金属氧化物组成的,如锰、钴、铁、镍、铜等多种氧化物混合烧结而成。

根据不同的用途,NTC 又可以分为两大类:一类为负指数型,用于测量温度,它的电阻值与温度之间呈负的指数关系;另一类为负突变型,当其温度上升到某设定值时,其电阻值突然下降,多用于各种电子电路中抑制浪涌电流,起保护作用。各种温度-电阻特性曲线如图 7-18 所示。

典型的 PTC 热敏电阻通常是在钛酸钡陶瓷中加入施主杂质以增大电阻温度系数。它的温度-电阻特性曲线呈非线性,如图 7-18 中的曲线(突变型 PTC)所示。它在电子线路中多起限流、保护作用,当流过 PTC 的电流超过一定限度或 PTC 感受到的温度超过一定限度时,其电阻值突然增大。

图 7-18　热敏电阻的特性曲线

近年来,还研制出了用本征锗或本征硅材料制成的线性型 PTC 热敏电阻,其线性度和互换性均较好,可用于测温。其温度-电阻特性曲线如图 7-18 中的曲线(线性型 PTC)所示。

7.3.2 热敏电阻的分类、结构及参数

1. 热敏电阻的分类

热敏电阻可按电阻的温度特性、结构、形状、用途、材料及测量温度范围等进行分类。

（1）按温度特性分类

热敏电阻按温度特性可分为三类，如图7-19所示。

① 负温度系数热敏电阻，简称NTC。在工作温度范围内，电阻随温度升高而呈非线性下降，温度系数为$-(1 \sim 6)\%/℃$。

② 正温度系数热敏电阻，简称PTC。在工作温度范围内，其电阻值随温度升高而非线性增大。缓变型PTC，其温度系数为$(-0.5 \sim 8)\%/℃$；开关型PTC，在居里点附近的温度系数可达$(10 \sim 60)\%/℃$。

③ 临界负温度系数热敏电阻，简称CTR。CTR是一种开关型NTC，在临界温度附近，阻值随温度升高而急剧减小。

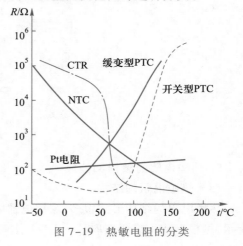

图 7-19 热敏电阻的分类

（2）按形状分类

热敏电阻外形种类很多，如图7-20所示，大体可分为片形、杆形和珠形，如图7-21所示。

图 7-20 热敏电阻的外形

（3）按材料分类

可分为陶瓷热敏电阻、单晶热敏电阻、非晶热敏电阻、塑料热敏电阻及金刚石热敏电阻等。

（4）按工作温度范围分类

热敏电阻按工作温度范围可分为以下三类：

① 低温热敏电阻，其工作温度低于$-55℃$。

② 常温热敏电阻，其工作温度范围为$-55 \sim 315℃$。

③ 高温热敏电阻，其工作温度高于$315℃$。

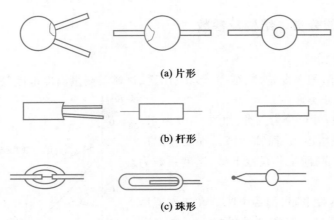

(a) 片形

(b) 杆形

(c) 珠形

图 7-21　热敏电阻的形状

2. 热敏电阻的结构及参数

（1）热敏电阻的结构

热敏电阻的结构形式很多，家用电器中常用的精密型 NTC 温度传感器的外形尺寸如图 7-22 所示，可根据使用需要选取。

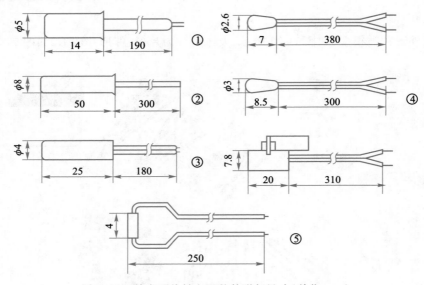

图 7-22　精密型热敏电阻的外形与尺寸（单位:mm）

（2）热敏电阻的参数

根据不同的使用目的，参考表 7-10 和表 7-11 选择相应的热敏电阻的类型、参数及结构。

表 7-10　热敏电阻的类型、参数使用选择

使用目的	适用类型	常温电阻率/ （$\Omega \cdot cm$）	β 或 α 值	阻值稳定性 （%）	误差范围 （%）	结构
温度测量与控制	NTC	0.1 ~ 1	各种	0.5	±（2 ~ 10）	珠状
流速、流量、 真空、液位	NTC	1 ~ 100	各种	0.5	±（2 ~ 10）	珠状、薄膜型

续表

使用目的	适用类型	常温电阻率/（Ω·cm）	β 或 α 值	阻值稳定性（%）	误差范围（%）	结构
温度补偿	NTC PTC	1 ~ 100 0.1 ~ 100	各种	5	±10	珠状,杆状,片状珠状,片状
继电器等动作延时直接加热延时	NTC CTR	1 ~ 100 0.1 ~ 100	愈大愈好、常温下较小、高温较大	5	±10	ϕ10 以上盘状 ϕ0.3 ~ 0.6 珠状
电泳抑制 过载保护 自动增益控制	CTR PTC NTC	1 ~ 100 1 ~ 100 0.1 ~ 100	愈大愈好 愈大愈好 较大	5 10 2	±10 ±20 ±10	ϕ10 以上盘状 盘状 ϕ0.3 ~ 0.6 珠状

表 7-11　部分国产热敏电阻温度传感器的型号规格和外形

型号及名称	主要参数		外形结构	用途及测温范围
	R_{25} 及偏差	β 值及偏差		
CWF51A 温度传感器	5 000 Ω±5%	3 620 k±2%	见图 7-18①	冰箱、冰柜、淋浴器，-40 ~ 80 ℃
CWF51B 温度传感器	2 640 Ω±5%	3 650 k±2%	见图 7-18②	用于东芝冰箱维修更换，-40 ~ 80 ℃
CWT52A 温度传感器	20 000 Ω±5%	4 000 k±2%	见图 7-18③	用于乐声、空调机维修更换，-40 ~ 80 ℃
CWF52B 温度传感器	15 000 Ω±5%			
CWF52C 温度传感器	10 000 Ω±5%	4 000 k±2%	见图 7-18④	用于三菱空调机维修更换，-40 ~ 80 ℃
CWF52D 温度传感器	12 000 Ω±5%			
MF58F 温度传感器	50 kΩ±5%100 kΩ	3 560 ~ 4 500 k±2%	见图 7-18⑤	电饭锅、电开水器、电磁炉、恒温箱，-40 ~ 300 ℃
说明	标称电阻值 R_{25}	它指 NTC R_t 的设计电阻值，通常指在 25℃ 时测得的零功率电阻值		
	β 值	β 值是 NTC 热敏电阻的热敏系数，一般 β 值越大，绝对灵敏度越高		
	精度	表示 R_{25} 的偏差范围和 B 值偏差范围；精密型 NTC 温度传感器的精度分挡为±1%、±2%、±3%、±5%、±10%		

7.3.3　实训操作　热电式传感器测温

1. 实训目的

① 了解热敏电阻的测温原理。

② 掌握热电偶测温的基本方法。

2. 实训原理

图 7-23 是运用热电偶测量温度的实验装置。加热器接入工作电压进行加热,使周围的环境温度升高。热敏电阻的阻值在温度升高时产生变化,通过温度变换器使输出电压随之改变,热敏电阻的环境温度由热电偶测出。

3. 实训设备

① 直流稳压电源(+15 V)或(-15 V)。

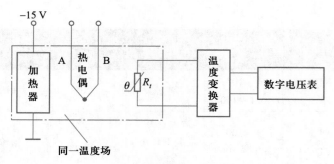

图 7-23　热电偶测温装置原理图

② 加热器。

③ 热敏电阻。

④ 铜-康铜热电偶。

⑤ 温度变换器。

⑥ 电压表。

⑦ 温度计。

⑧ 示波器。

4. 实训方法和步骤

① 用温度计测出操作室的室内温度 T_0，并记录。

② 温度变换器接入热敏电阻，温度变换器输出口接示波器的电压/频率输入口，加热器接入 -15 V 稳压电源。

③ 用数字万用表测出不同温度下热电动势大小，同时在示波器的电压/频率表上读出相应的电压。

④ 利用公式 $E_{AB}(T,0) = E_{AB}(T,T_0) + E_{AB}(T_0,0)$，查热电偶分度表换算热电动势。

⑤ 热电动势换算成温度后，作 T-U 曲线。

5. 注意事项

① 每一组热电偶在接入系统前必须先标定好。

② 热电偶测温端与被测物体的接触必须牢靠。

本章小结

温度是生产、生活中经常测量的变量。本章重点介绍了热电偶、热电阻及热敏电阻三种常用于对温度和与温度有关的参量进行检测的传感器。

（1）热电偶基于热电效应原理而工作。中间温度定律和中间导体定律是使用热电偶测温的理论依据，要认真理解，以指导热电偶实际应用和回路电动势分析。热电偶种类较多，其适用环境和测温范围、精度、线性度不尽相同。

热电偶有四种冷端温度补偿法，应该综合应用，准确把握。

热电偶温度传感器属于自发电型传感器，它的测温范围为 -270 ~ 1 800 ℃，是广泛应用的温度检测系统。

（2）电阻式传感器广泛用于测量 -200 ~ 960 ℃ 范围内的温度。是利用导体或半导体的电阻随温度变化的性质工作的。

电阻式传感器分为金属热电阻传感器和半导体热电阻传感器两类。前者称为热电阻,后者称为热敏电阻。

热敏电阻是半导体测温元件。按温度系数可分为负温度系数热敏电阻(NTC)和正温度系数热敏电阻(PTC)两大类。它广泛应用于温度测量、电路的温度补偿以及温度控制。

热电阻变化一般要经过不平衡电桥转换为不平衡电压输出,提供后续处理。

热电阻温度传感器与热电偶温度传感器的外形基本相同。

思考题及习题 ▪▪▪▪▪▪

一、填空题

1. 热电阻传感器主要是利用金属材料的阻值随温度升高而_____的特性来测量温度的。

2. 热电偶的分度表是冷端温度在 0 ℃时的条件下得到的,它描述热端_____与热电动势的对应关系。

3. 热敏电阻按材料一般分为_____、_____、_____、_____、非晶热敏电阻等。

二、选择题

1. 以下哪种温度测量仪属于接触式测量(   )

A. 水银体温计   B. 亮度温度计   C. 辐射温度计   D. 比色温度计

2. 常用于运动物体的温度和快速变化温度的测量方式为(   )

A. 接触式测量   B. 非接触式测量

C. 膨胀式温度计测量   D. 电阻式温度计测量

3. 组成热电偶的导体 A、B 称为(   ),置于温度为 t 的被测对象中的节点称为(   ),置于参考温度为 t_0 的另一节点称为(   )

A. 热端   B. 热电极   C. 冷端   D. 半导体

4. 测量时用黏合剂紧贴在被测物体表面的热电偶为(   ),可以做得很细很长,使用中随需要能任意弯曲的热电偶为(   )。

A. 普通热电偶   B. 铠装热电偶   C. 薄膜热电偶   D. 普通型热电偶

5. 利用金属材料的阻值随温度升高而增大的特性来测量温度的传感器为 (   )

A. 热电偶   B. 热敏电阻   C. 金属热电阻   D. 水银温度计

6. 在进行温度测量时需要使用补偿导线的传感器为(   )

A. 热电偶   B. 热敏电阻   C. 金属热电阻   D. 水银温度计

7. 常用的工业标准化热电阻不包括(   )

A. 铂热电阻   B. 铜热电阻   C. 镍热电阻   D. 银热电阻

8. 常用热电阻中(   )的性能最好,可制成标准温度计。

A. 铂热电阻   B. 铜热电阻   C. 镍热电阻   D. 银热电阻

三、简答题

1. 什么是热电效应? 简述热电偶测温的基本原理。

2. 热电阻传感器有哪几种接线方式? 为什么要采用三线式或四线式?

3. 试比较热电偶、热电阻、热敏电阻的异同点。

4. 热电偶主要分几种类型,各有何特点?

四、计算题

1. 求分度号为 Pt100 铂热电阻在温度为 50 ℃时的电阻值,当测量温度为 100 ℃时,其阻值又是多少?

2. 现用一只铜–康铜热电偶测温,其冷端温度为 30 ℃,动圈仪表(未调机械零位)指示 320 ℃。若认为热端温度为 350 ℃对不对?为什么?若不对,正确温度值应为多少?

3. 已知分度号为 S 的热电偶冷端温度为 $t_0 = 20$ ℃,现测得热电动势为 11.710 mV,求热端温度为多少度?

4. 已知分度号为 K 的热电偶热端温度 $t = 800$ ℃,冷端温度为 $t_0 = 30$ ℃,求回路实际总电动势。

第 8 章　光电式传感器

掌握光电式传感器的基本原理;了解光敏电阻、光敏晶体管、光电池的光谱特性,将光信号转换成电信号的过程,各种光电式传感器的特点和应用范围。

知识目标

- 掌握内光电效应和外光电效应;
- 掌握光敏电阻的结构、原理及主要参数;
- 掌握光电二极管和光电晶体管的光谱特性曲线;
- 掌握光电池的工作原理、种类和光谱特性曲线;
- 掌握光电管的结构、原理和特性;
- 了解光电式传感器的分类;
- 了解光电耦合器的工作原理;
- 了解光电开关的种类及各自的特点;
- 了解光电断续器的工作原理。

技能目标

- 能识别常用光电器件。
- 能利用光电式传感器(光电二极管、光电晶体管、红外光电管等)测速。

光电式传感器是以光电器件作为转换元件的传感器。它可用于检测直接引起光量变化的非电量,如光强、光照度、辐射、气体成分等;也可用来检测能转换成光量变化的其他非电量,如零件直径、表面粗糙度、应变、位移、振动、速度、加速度,以及物体的形状、工作状态等。光电式传感器具有非接触、响应快、性能可靠等特点,因此在工业自动化装置和机器人中得到普遍应用。近年来,新的光电器件不断涌现,特别是 CCD 图像传感器的诞生,拓展了光电式传感器的应用前景。

8.1　光　电　器　件

光电器件是将光能转换为电能的一种传感器件,它是构成光电式传感器最主要的部件,其工作的基础是光电效应。光电器件有响应快、结构简单、使用方便、性能可靠和非接触测量等优点,因此在自动检测、计算机和控制领域中应用非常广泛。

8.1.1　光电效应

当物质受光线照射后,物质的电子吸收了光子的能量所产生的电现象称为光电效应。光电效应分为内光电效应和外光电效应。

1. 内光电效应

在光线照射时,物体的导电性能发生改变的现象称为内光电效应,如光电二极管、光敏电阻等都属于此类光电器件。

内光电效应包括光电导效应、光电动势效应及光热电效应。光电导效应是在光作用下,电子吸收光子能量从键合状态过渡到自由状态,从而引起材料的电阻率降低。基于这种效应的光电元件有光敏电阻。光电动势效应是当光照射 PN 结时,在结区附近激发出电子-空穴对。基于该效应的光电器件有光电池、光敏二极管、光敏晶体管和光敏晶闸管等。利用人体辐射的红外线的热效应制成热释电传感器,就是利用了光的热电效应。

2. 外光电效应

在光线照射时,物体内的电子逸出物体表面的现象称为外光电效应,或称光电发射。

基于外光电效应的光电元件有光敏二极管和紫外线传感器等。由于光子的能量与光的频率成正比,因此要使物体发射光电子,光的频率必须高于某一限值。这个能使物体发射光电子的最低光频率称为红限频率。小于红限频率的入射光,光强再大也不会激发光电子;大于红限频率的入射光,光强再小也会激发光电子。单位时间内发射的光电子数称为光电流,它与入射光的光强成正比。对光电管,即使阳极电压为零也会有光电流产生。欲使光电流为零必须加负向的截止电压,截止电压应与入射光的频率成正比。

8.1.2　光敏电阻

1. 光敏电阻的结构及原理

用万用表电阻挡测量光敏电阻受光照射时的电阻,这种状态下的电阻称为亮电阻。在用黑纸将光敏电阻严密包封起来,露出引脚,测量其电阻值,这种没有光照时的电阻,称为暗电阻。实际光敏电阻的暗电阻很大,一般为兆欧级,而亮电阻在几千欧以下。当光敏电阻受到一定波长范围内的光照时,它的阻值急剧减少,电路中电流迅速增大。一般希望暗电阻越大越好,亮电阻越小越好,光敏电阻的灵敏度越高。

常用的光敏电阻以 CdS(硫化镉)为主要成分,它的结构、外形和符号如图 8-1 所示。为了吸收更多的光线,光敏电阻通常制成薄膜结构,呈梳状,以增强光电导体的受光面积,获得更高的灵敏度。为防止光电导体受潮而影响光敏电阻的灵敏度,一般是将光电导体严密封装在玻璃壳体中。

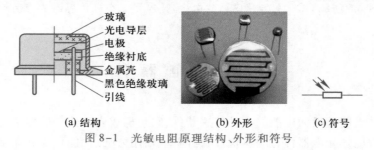

图 8-1　光敏电阻原理结构、外形和符号

光敏电阻又称光导管,它几乎都是用半导体材料制成的光电器件。光敏电阻没有极性,纯粹是一个电阻器件,使用时既可加直流电压,也可加交流电压。

光敏电阻是涂于玻璃底板上的一薄层半导体物质,半导体的两端装有金属电极并与引出线相连接,光敏电阻通过引出线接入电路。为了不受到周围介质的影响,在半导体光敏层上覆盖了一层漆膜,漆膜的成分应使它在光敏层最敏感的波长范围内透射率最大。

2. 光敏电阻的主要参数

（1）光电流、亮电阻

光敏电阻在一定的外加电压下，当有光照射时，流过的电流称为光电流，外加电压与光电流之比称为亮电阻，常用"100lx"表示。

（2）暗电流、暗电阻

光敏电阻在一定的外加电压下，当没有光照射的时候，流过的电流称为暗电流。外加电压与暗电流之比称为暗电阻，常用"0lx"表示。

（3）灵敏度

灵敏度是指光敏电阻不受光照射时的电阻值（暗电阻）与受光照射时的电阻值（亮电阻）的相对变化值。

（4）伏安特性

在一定光的照射下，流过光敏电阻的电流与光敏电阻两端电压的关系称为光敏电阻的伏安特性。图8-2为硫化镉光敏电阻的伏安特性曲线。由图可见，光敏电阻在一定的电压范围内，其I–U曲线为直线，说明其阻值与入射光量有关，而与电压电流无关。

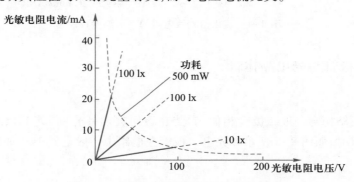

图8-2　硫化镉光敏电阻的伏安特性曲线

（5）光谱特性

光敏电阻的相对光敏灵敏度与入射波长的关系称为光谱特性，亦称为光谱响应。图8-3为几种不同材料光敏电阻的光谱特性。对应于不同波长，光敏电阻的灵敏度是不同的。从图中可见，硫化镉光敏电阻的光谱特性的峰值在可见光区域，常被用作光度量测量（照度计）的探头。而硫化铅光敏电阻响应于近红外和中红外区，常用做火焰探测器的探头。

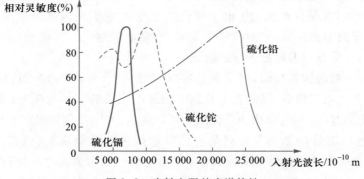

图8-3　光敏电阻的光谱特性

（6）温度特性

光敏电阻的灵敏度和暗电阻都要改变，尤其是响应于红外区的硫化铅光敏电阻受温度影响更大。图 8-4 为硫化铅光敏电阻的光谱温度特性曲线，它的峰值随着温度的升高向波长短的方向移动。因此，硫化铅光敏电阻要在低温、恒温的条件下使用。对于可见光的光敏电阻，其温度影响要小一些。

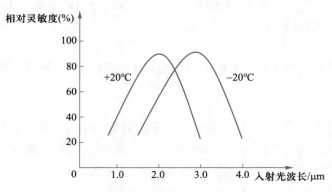

图 8-4　硫化铅光敏电阻的光谱温度特性

8.1.3　光电二极管与光电晶体管

1. 结构原理

光电二极管的结构与一般二极管相似，它装在透明玻璃外壳中，其 PN 结装在管的顶端，可以直接受到光线照射，如图 8-5 所示。光电二极管在电路中一般是处于反向工作状态，如图 8-6 所示。

图 8-5　光电二极管结构简图和符号　　　　图 8-6　光电二极管接法

在没有光照射时，其电阻很大，反向电流很小，一般为 nA 级。这反向电流称为暗电流。当有光照射在 PN 结上时，PN 结区产生光生电子和光生空穴对，它们在内电场作用下作定向运动，形成光电流，方向与反向电流一致，光的照射强度越大，光电流越大。因此光电二极管在不受光照射时，处于截止状态，受光照射时处于导通状态。

光电晶体管与一般晶体管相似，但又有其特殊之处，它具有两个 PN 结，其中一个作为受光结，作用相当于一个光电二极管，具有光电特性。当加上正常的工作电压时，受光结应该加反向电压，因此，一般均用基极-集电极作为受光结。可以认为，光电晶体管实际上相当于在基极和集电极之间接有光电二极管的晶体管。只是它的集电极一边做得很大，以扩大光的照射面积。图 8-7 为 NPN 型光电晶体管的结构简图和基本工作电路。大多数光电晶体管的基极无引出线，当集电极加上相对于发射极为正的电压而不接基极时，集电结就是反向偏置，当光照射在集电结上时,就会在结附近产生电子-空穴对,从而形成光电流,相当于晶体管的基极电流,由于基极电流的增加,因此集电极电流是光生电流的 β 倍,所以光电晶体管有电流放大作用。

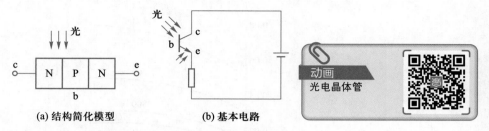

(a) 结构简化模型   (b) 基本电路

图 8-7 NPN 型光电晶体管结构简图和基本电路

光电二极管和光电晶体管的种类很多,从制作材料来分,有硅、锗以及各种化合物晶体管;从形态上分,有单体型和集合型,集合型是在一块基片上有两个以上光电二极管;还可以从对光的响应来分,有紫外、红外、可见光区域晶体管;近年来又发展了一些新型光电管,如光电场效应管和光电可控管等。

2. 基本特性

(1) 光谱特性

光电二极管和光电晶体管的光谱特性曲线如图 8-8 所示。从曲线可以看出,硅的峰值波长约为 $0.9~\mu\mathrm{m}$,锗的峰值波长约为 $1.5~\mu\mathrm{m}$,此时灵敏度最大,而当入射光的波长增加或缩短时,相对灵敏度也下降。一般来讲,锗管的暗电流较大,因此性能较差,故在可见光或探测炽热状态物体时,一般都用硅管,但对红外光进行探测时,则用锗管较为适宜。

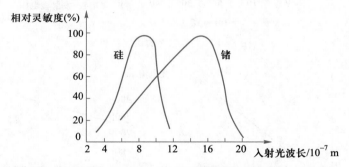

图 8-8 光电二极(晶体)管的光谱特性

(2) 伏安特性

图 8-9 为硅光电管在不同照射强度下的伏安特性曲线。从图中可见,光电晶体管的光电流比相同管型的二极管大上百倍。

(3) 温度特性

光电晶体管的温度特性是指其暗电流及光电流随温度变化的关系。光电晶体管的温度特性曲线如图 8-10 所示,从特性曲线可以看出,温度变化对光电流影响很小,而对暗电流影响很大,所以在电子线路中应该采取措施对暗电流进行温度补偿,否则将会导致输出误差。

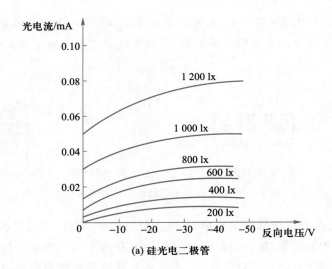

(a) 硅光电二极管

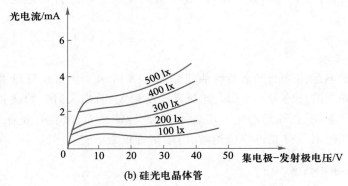

(b) 硅光电晶体管

图 8-9　硅光电管的伏安特性

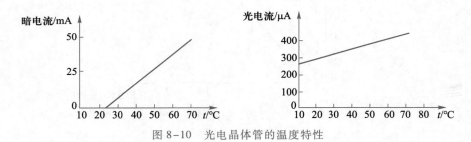

图 8-10　光电晶体管的温度特性

8.1.4　光电池

光电池是一种直接将光能转换为电能的光电器件。光电池在有光线作用下就是电源,电路中有了这种器件就不需要外加电源。

光电池的工作原理是基于"光生伏特效应"。它实质上是一个大面积的 PN 结,当光照射到 PN 结上时,若光子能量大于半导体材料的禁带宽度,那么 PN 结内每吸收一个光子就产生一对自由电子和空穴,在结电场作用下,空穴移向 P 区,电子移向 N 区,PN 结两端由于电子-空穴对从表面向内迅速扩散,在结电场的作用下,最后建立一个与光照强度有关的电动势。图 8-11 为工作原理图。

光电池的种类很多,有硒光电池、氧化亚铜光电池、锗光电池、硅光电池、砷化镓光电池等。其中硅光电池由于性能稳定、光谱范围宽、频率特性好、转换率高、耐高温辐射,所以最受人们重视。

1. 光谱特性

光电池对不同波长的光的灵敏度是不同的,图 8-12 为硅光电池和硒光电池的光谱特性曲线。从图中可知,不同材料的光电池,光谱特性峰值所对应的入射光波长是不同的,硅光电池在 0.8 μm 附近,硒光电池在 0.5 μm 附近。硅光电池的光谱响应波长范围为 0.4 ~ 1.2 μm,而硒光电池只能在 0.38 ~ 0.75 μm。可见硅光电池可以在很宽的波长范围内得到应用。

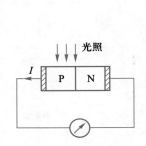

图 8-11　光电池工作原理图

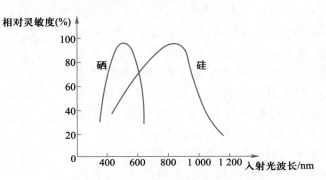

图 8-12　光电池的光谱特性

2. 光照特性

光电池在不同光照强度下,光电流和光生电动势是不同的,它们之间的关系就是光照特性。图 8-13 为硅光电池的开路电压和短路电流与光照强度的关系曲线。从图中看出,短路电流在很大范围内与光照强度呈线性关系;开路电压(负载电阻 R_L 无限大时)与光照强度的关系是非线性的,并且当光照强度在 2 000 lx 时就趋于饱和了,因此把光电池作为测量元件时,应该把它当作电流源的形式来使用,不能用作电压源。

3. 温度特性

光电池的温度特性是描述光电池的开路电压和短路电流随温度而变化的关系。由于它关系到应用光电池的仪器或设备的温度漂移,影响到测量精度或控制精度等重要指标,因此温度特性是光电池的重要特性之一。光电池的温度特性如图 8-14 所示,从图中看出,开路电压随温度升

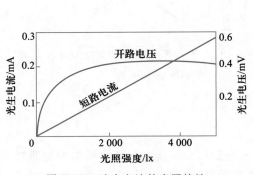

图 8-13　硅光电池的光照特性

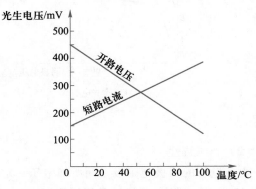

图 8-14　硅光电池温度特性

高而下降的速度较快,而短路电流随温度升高而缓慢增加。由于温度对光电池的工作有很大影响,因此把它作为测量器件应用时,最好能保证温度恒定或采取温度补偿措施。

从国产硅光电池的特性参数表可查出,硅光电池的最大开路电压为 600 mV,在光照强度相等的情况下,光敏面积越大,输出的光电流也越大。

8.1.5   光电管、光电倍增管

1. 光电管

光电管的结构和原理如图 8-15 所示,它由一个阴极和一个阳极构成,并密封在一支真空玻璃管内。阳极通常用金属丝弯曲成矩形或圆形,置于玻璃管中央;阴极装在玻璃管内壁上并涂有光电发射材料。光电管的特性主要取决于光电管阴极材料。

由于材料的逸出功不同,所以不同材料的光电阴极对不同频率的入射光有不同的灵敏度,人们可以根据检测对象是可见光或紫外光而选择不同阴极材料的光电管。目前紫外光电管在工业检测中多用于紫外线测量、火焰监测等,可见光较难引起光电子的发射。

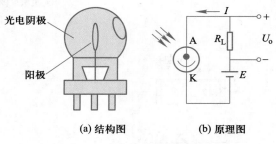

图 8-15   光电管的结构和原理图

当光照射在阴极上时,阴极发射出光电子,被具有一定电位的中央阳极所吸引,在光电管内形成空间电子流。在外电场作用下将形成电流 I,称为光电流。光电流的大小与光电子数成正比,而光电子数又与光照度成正比。

（1）伏安特性

在一定的光照下,对光电管阴极所加的电压与阳极所产生的电流之间的关系称为光电管的伏安特性。真空光电管和充气光电管的伏安特性分别如图 8-16 所示,它们是光电传感器的主要参数依据,显然,充气光电管的灵敏度更高。

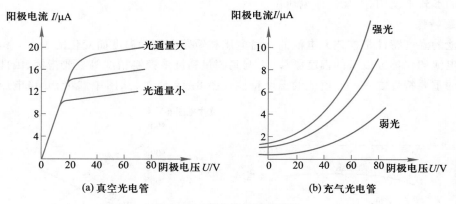

图 8-16   光电管的伏安特性

（2）光照特性

当光电管的阴极与阳极之间所加电压一定时,光通量与光电流之间的关系称为光照特性,如图 8-17 所示。其中,曲线 1 是氧铯阴极光电管的光照特性,光电流 I 与光通量呈线性关系;曲线

2 是锑铯阴极光电管的光照特性,呈非线性关系。

（3）光谱特性

光电管的光谱特性通常指阳极与阴极之间所加电压不变时,入射光的波长（或频率）与其相对灵敏度之间的关系,它主要取决于阴极材料。阴极材料不同的光电管适用于不同的光谱范围。另外,同一光电管对于不同频率（即使光强度相同）的入射光,其灵敏度也不同。

2. 光电倍增管

光电倍增管是利用外光电效应制成的光电元件。其工作原理如图 8-18 所示。它由光阴极 K、光阳极 A 和若干个倍增极 $E_1, E_2, \cdots, E_n$ 等三部分组成。光阴极是由半导体光电材料锑铯做成的。倍增极通常是在镍或铜–铍的衬底上涂上锑铯材料而形成的,用具有一定能量的电子轰击能够产生更多的"二次电子"。倍增极（次阴极）多达 30 极,通常为 4 ~ 14 不等。阳极是最后用来收集电子的,并输出电压脉冲。

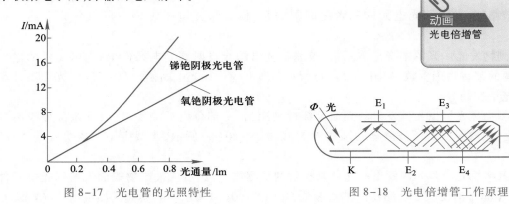

图 8-17　光电管的光照特性　　　　图 8-18　光电倍增管工作原理

若在各倍增极上均加一定的电压,并且电位逐级升高,即阴极电位最低,阳极电位最高。当有入射光照射时,阴极发射的光电子以高速射到倍增极 E_1 上,引起二次电子发射,这样在阴极和阳极的电场作用下,逐级产生二次电子发射。电子数量迅速递增,如此不断倍增,阳极最后收集到的电子数将达到阳极发射电子数的 $10^5 \sim 10^8$ 倍。即光电倍增管的放大倍数可达几十万到几百万倍。最后被阳极 A 吸收,形成很大电流。与普通光电管相比,其灵敏度可提高 10^9 倍以上,光电倍增管的光谱特性与相同材料的光电管的光谱特性很相似。

在使用光电倍增管时,必须把管子放在暗室里避光使用,使其只对入射光起作用。但是由于环境温度、热辐射和其他因素的影响,即使没有光信号输入,加上电压后阳极仍有电流,这种电流称为暗电流。这种暗电流可以用补偿电路加以消除。

光电倍增管的阴极前面放一块闪烁体,就构成闪烁计数器。在闪烁体受到人眼看不见的宇宙射线的照射后,光电倍增管就会有电流信号输出。这种电流称为闪烁计数器的暗电流,一般把它称为本底脉冲。

 常用光电式传感器

光电式传感器是将光量的变化转变为电量变化的一种变换器,属于非接触式测量,光电式传感器通常由光源、光学通路和光电器件三部分组成,如图 8-19 所示。图中,Φ_1 是光源发出的光

信号,Φ_2 是光电器件接收的光信号,被测量可以是 x_1 或者 x_2,它们能够分别造成光源本身或光学通路的变化,从而影响传感器输出的电信号 I。光电传感器设计灵活、形式多样,在越来越多的领域内得到广泛的应用。

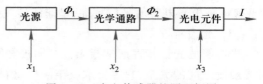

图 8-19   光电传感器的原理框图

光电式传感器远远超过了电感、电容、磁力和超声波传感器的敏感范围。此外,光电式传感器的体积很小,而敏感范围很宽,加上机壳有很多样式,几乎可以到处使用。随着技术的不断发展,光电式传感器在价格方面可以同用其他技术制造的传感器竞争。

光电式传感器按输出信号的形式可以分为模拟型和开关型两大类。

8.2.1   模拟型光电式传感器

依据被测物、光源和光电元件三者之间的关系,模拟型光电式传感器可以分为下述四种类型:

① 被测物发光。光源本身是被测物,被测物发出的光投射到光电元件上,光电元件的输出反映了光源的某些物理参数,如图 8-20(a)所示。典型应用如光电高温比色温度计、光照度计和照相机曝光量控制等。

② 被测物透光。恒光源发射的光通量穿过被测物,一部分由被测物吸收,剩余部分投射到光电元件上,吸收量决定于被测物的某些参数,如图 8-20(b)所示,典型应用如透明度计、浊度计等。

③ 被测物反光。恒光源发出的光通量投射到被测物上,然后从被测物表面反射到光电元件上,光电元件的输出反映了被测物的某些参数,如图 8-20(c)所示。典型应用如反射式光电法测转速、测量工件表面粗糙度和纸张的白度等。

④ 被测物遮光。恒光源发出的光通量在到达光电元件的途中遇到被测物,照射到光电元件上的光通量被遮蔽掉一部分,光电元件的输出反映了被测物的尺寸,如图 8-20(d)所示。典型应用如位移测量、振动测量和工件尺寸测量等。

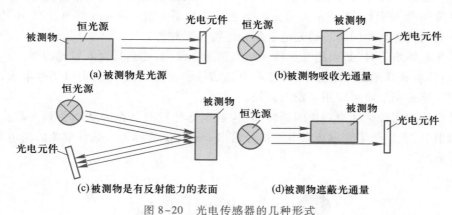

图 8-20   光电传感器的几种形式

8.2.2   开关型光电式传感器

在这种光电传感器中,光电元件接收的光信号是断续的,因此光电元件处于开关状态,开关型用于转速测量、模拟开关和位置开关等。

1. 光电耦合器

如图 8-21 所示,光电耦合器是把发光器件和光电器件组装在同一蔽光壳体内,或用光导纤维把二者连接起来构成的器件。输入端加电信号,发光器件发光,光电器件受光照后,输出光电流,实现以光为媒介质的电信号传输,从而实现输入和输出电流的电气隔离,可用它代替继电器,变压器和斩波器等。它广泛用于隔离线路、开关电路、数模转换、逻辑电路、长线传输、过电流保护和高压控制等方面。

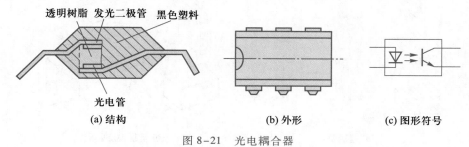

(a) 结构   (b) 外形   (c) 图形符号

图 8-21 光电耦合器

光电耦合器有金属密封和塑料密封等形式,目前常见的是塑料密封。光电元件可以选用光敏电阻、光电二极管、光电晶体管、光控晶向管、光敏集成电路等,从而构成多种组合形式,其输出有开关型和模拟型两种。

2. 光电开关

光电开关是用来检测物体的靠近、通过等状态的光电式传感器。近年来随着生产自动化、机电一体化的发展,它已发展成系列产品,其品种及规格日增,用户可根据生产需要选用适当规格的产品,而不必自行设计光路和电路。光电开关可分为遮断型和反射型。

(1) 遮断型光电开关

如图 8-22(a)所示,发射器和接收器相对安放,轴线严格对准。当有物体在两者中间通过时,红外光束被遮断,接收器接收不到红外线而产生一个负脉冲信号。遮断型光电开关的检测距离一般可达十几米。

(2) 反射型光电开关

可分为反射镜反射型及被测物漫反射型(简称散射型)两种。

① 反射镜反射型。如图 8-22(b)所示,传感器单侧安装,需要调整反射镜的角度以取得最佳的反射效果,它的检测距离不如遮断型。反射镜一般不用平面镜,而使用偏光三角棱镜,它对安装角度的变化不太敏感,能将光源发出的光转变成偏振光(波动方向严格一致的光)反射回去。光电元件表面覆盖一层偏光透镜,只能接收反射镜反射回来的偏振光,而不响应表面光亮物体反射回来的各种非偏振光。这种设计使它也能用于检测诸如罐头等具有反光面的物体,而不受干扰。反射镜反射型光电开关的检测距离一般可达几米。

② 被测物漫反射型(散射型)。如图 8-22(c)所示,此种开关安装最为方便,只要不是全黑的物体均能产生漫反射。它的检测距离与被测物的黑度有关,一般较小,只有几百毫米。用户可根据实际需要决定所采用的光电开关的类型。

光电开关中的红外光发射器一般采用功率较大的发光二极管,而接收器可采用光电二极管、

光电晶体管或光电池。为了防止荧光灯的干扰,可选用红外 LED,并在光电元件表面加红外滤光
透镜或表面呈黑色的专用红外接收管。如果要求方便地瞄准目标,亦可采用红色 LED。其次,
LED 最好用高频(40 kHz 左右)窄脉冲电流驱动,从而发射 40 kHz 调制光脉冲。接收光电元件
的输出信号经 40 kHz 选频交流放大器及专用的解调芯片处理,可以有效地防止太阳光的干扰,
又可减小发射 LED 的功耗。

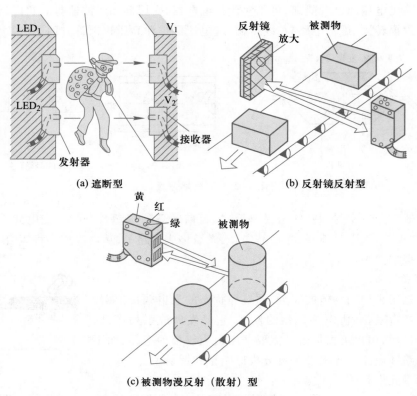

(a) 遮断型   (b) 反射镜反射型

(c) 被测物漫反射(散射)型

图 8-22   光电开关类型及应用

　　光电开关可用于生产流水线上统计产量、检测装配件到位与否及装配质量,并且可以根据被
测物的特定标记给出自动控制信号。它已广泛地应用于自动包装机、自动灌装机、装配流水线等
自动化机械装置中。把传感器与控制器组合在一起,可以组成一体化光电开关。它具有体积小、
安装方便、灵敏度高、精度高、抗干扰能力强等优点,适用于远距离及微小物体的检测以及高速运
动或高精度定位物体的检测。改变电源极性可实现亮动、暗动的切换。设有灵敏度调整钮,有利
于消除背景物干扰、判别缺陷和选择最佳工作区。

　　3. 光电断续器

　　光电断续器和光电开关从原理上讲没有太大的差别,都是由红外线发射元件与光敏接收元
件组成。光电断续器的光电发射、接收器制作在体积很小的同一塑料壳体中,形成整体结构,所
以两者能可靠地对准,安装和使用更为方便。

　　光电断续器的检测距离只有几毫米至几十毫米。由于检测范围小,光电断续器的发光二极
管可以直接用直流电驱动,亦可用 40 kHz 尖脉冲电流驱动。红外 LED 的正向压降约为 1.1 ~
1.3 V,驱动电流控制在 40 mA 以内,主要用于光电接近开关、光电自动控制、物体识别等。

光电断续器可以分为遮断型和反射型两种。

（1）遮断型（也称槽式）光电断续器，如图8-23所示。主要用于光电控制和光电计量等电路中及检测物体的有无、运动方向及转速等。

（2）反射型光电断续器，如图8-24所示。它的检测距离较小，多用于安装空间较小的场合。

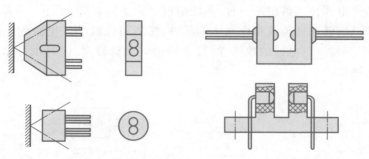

　图8-23　遮断型光电断续器　　　　图8-24　反射型光电断续器

光电断续器是较便宜、简单、可靠的光电器件。它广泛应用于自动控制系统、生产流水线、机电一体化设备、办公设备和家用电器中。例如，在复印机和打印机中，它被用来检测复印纸的有无；在流水线上检测细小物体的通过及物体上的标记，检测印制电路板元件是否漏装以及检测物体是否靠近等。图8-25示出了光电断续器的部分应用。

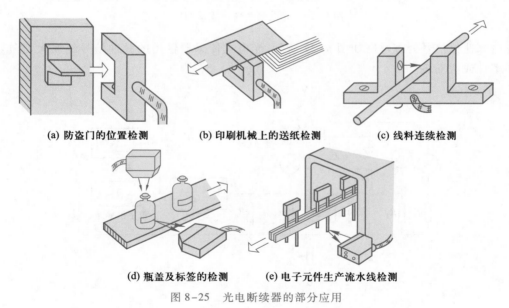

　　（a）防盗门的位置检测　　（b）印刷机械上的送纸检测　　（c）线料连续检测

　　（d）瓶盖及标签的检测　　（e）电子元件生产流水线检测

图8-25　光电断续器的部分应用

8.2.3　实训操作　光电式传感器测速

1. 实训任务

光电式传感器（光电测速仪）性能测试。

2. 实训目的

① 通过对不同类型光电传感元件的性能进行测试比较，了解光电转换元件的结构及光电传

感器的转换原理与特性。

② 分析光电式传感器的频率特性,掌握光电式传感器测速的基本工作原理。

③ 熟悉有关测量仪器的使用。

3. 实训原理

光电测速仪是光电式传感器中的一种,系统组成结构如图 8-26 所示。其原理是利用光电转换器件把直流电动机的转速转换成相应频率的脉冲,然后将此脉冲经电路的处理得到 0 ~ 55 μA 的电流值,用微安表测量。该电流的数值,间接显示出电动机转速,同时也可以将脉冲输入到数字频率计进行相应测量。

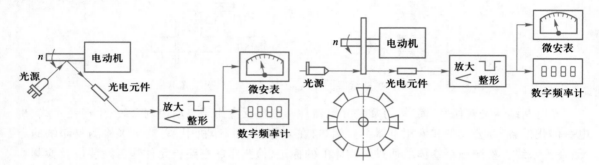

(a) 在电动机轴上涂有黑、白相间色条　　　　(b) 在电动机轴上固定上调制盘

图 8-26　光电测速仪组成结构图

光电测速仪信号处理电路如图 8-27 所示,光电式传感器输出的脉冲信号经放大、整形送至数字频率计或微安表。

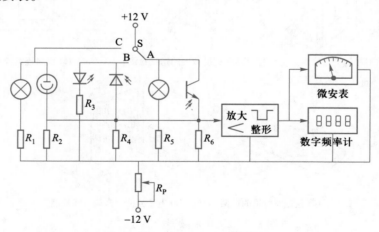

图 8-27　光电测速仪信号处理电路

频率 f 与电动机转速之间的关系可由下式给出,即

$$f = (n/60)Z$$

式中　n——电动机转速,单位 r/min;

Z——调制盘齿数或轴上涂色条数。

4. 实训设备

① 光电器件(光电二极管、光电晶体管、红外光电管等)。

② 可调速直流电动机。

③ 数字式频率计。

④ 直流稳压电源。

⑤ 直流微安表。

⑥ 实验电路板。

5. 实训方法和步骤

① 将测试用仪器、仪表、光电元件等按要求进行连接,检查无误。电源按所需输出电压调整好,电动机接入 8 V 左右直流电压。

② 将图 8-27 转换开关 S 扳向 A,接通光源再逐步将电机转速由低速调至高速,进行测试,将数据记入下表中。

数字频率计读数/Hz		10	20	40	80	120	200	400	600	800	1 000
直流微安表指示/μA	光电二极管										
	光电晶体管										
	红外光电管										
直流电动机转速/(r/min)											

③ 将转换开关扳向 C,接相同光源,重复上述操作,将测得的数据记入表中。

④ 根据实际操作所得数据,画出各种光电元件转速特性,并比较各种光电元件测速灵敏度和非线性。

6. 注意事项

① 操作前要认真消化电路原理,了解实施方法。

② 熟悉操作所用仪器、仪表、设备的使用方法。

8.2.4 知识拓展 红外光传感器原理及应用

1. 红外光传感器的原理和类型

红外光传感器是用来检测物体辐射红外线的敏感器件,分为热电型和光子型两类。它们不仅在性能上有差异,而且在工作原理上也不相同。热电型红外光敏器件是利用入射红外辐射引起敏感元件温度变化,再利用热电效应产生相应的电信号。热电型探测器的主要类型有热敏电阻型、热电偶型、热释电型和高莱气动型四种。热电型红外光敏器件一般灵敏度低,响应速度慢,但有较宽的红外波长响应范围,而且价格便宜,常用于温度的测量及自动控制。光子型红外光敏器件可直接把红外光能转换成电能,其灵敏度高、响应速度快,但其红外波长响应范围窄,有的还需在低温条件下才能使用。光子型红外光敏器件也可分为外光电效应类和内光电效应类。外光电探测器(PE)有光电二极管和光电倍增管。内光电探测器又分为:光电导器件(PC),如硫化铅(PhS)、硒化铅(PhSe)、锑化铟(InSh)、锑镉汞(HgCdTe)等;光伏器件(PU),如砷化铝(InAs)、锑镉汞(HgCdTe)、锑锡铅(PbSnTe)等;光磁探测器(PEM),光效应使半导体表面产生载流子(电子-空穴对),磁效应使载流子扩散运动方向偏移形成电场。用光子红外光敏器件组成的红外探测器广泛应用在遥测、遥感、成像、测温等方面。

2. 红外探测器

红外传感器一般由光学系统、探测器、信号调理电路及显示等组成。红外探测器是红外传感器的核心,红外探测器种类很多,常见的有两大类:热探测器和光子探测器。

（1）热探测器

利用红外辐射的热效应,当探测器的敏感元件吸收辐射能后引起温度升高,使有关物理参数发生相应变化,通过测量物理参数的变化,便可确定探测器所吸收的红外辐射。热探测器主要优点是响应波段宽,响应范围可扩展到整个红外区域,可以在室温下工作,使用方便,应用广泛。

热探测器主要类型有热释电型、热敏电阻型、热电偶型和气体型探测器。热释电探测器在热探测器中探测率最高,频率响应最宽,所以这种探测器备受重视,发展很快,这里主要介绍热释电探测器。

热释电红外探测器是由具有极化现象的热晶体或被称为"铁电体"的材料制作的。"铁电体"的极化强度(单位面积上的电荷)与温度有关,当红外辐射照射到已经极化的铁电体薄片表面上时,引起薄片温度升高,使其极化强度降低,表面电荷减少,这相当于释放一部分电荷,所以称为热释电型传感器。如果将负载电阻与铁电体薄片相连,负载电阻上便产生一个电信号输出,输出信号的强弱取决于薄片温度变化的快慢,从而反映出入射的红外辐射的强弱,热释电型红外传感器的电压响应率正比于入射光辐射率变化的速率。

用热电元件、结型场效应晶体管、电阻、二极管、滤光片及外壳等组成热释电传感器,其结构和原理如图 8-28 所示。它是探测人体用的红外传感器,适用于防盗报警,来客告知及非接触开关等红外领域。

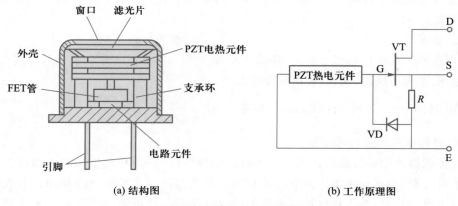

(a) 结构图　　　　　　　　　　　(b) 工作原理图

图 8-28　热释电传感器的结构和原理图

常见的热释电传感器有 P228、LS-064、LHI958 等,此外还有用于测温的热释电红外传感器,测温范围可达-80 ~ 1 500 ℃。

（2）光子探测器

光子探测器是利用入射红外辐射的光子流与探测器材料中的电子相互作用,从而改变电子的能量状态,引起各种电学现象,称为光子效应。通过测量材料电子性质的变化,可以知道红外辐射的强弱。利用光子效应制成的红外探测器,统称光子探测器。光子探测器有内光电探测器和外光电探测器两种,后者又分为光电导、光生伏特和光磁电探测器三种。光子探测器的主要特点是灵敏度高、响应速度快,但探测波段较窄,一般在低温下工作。

本章小结

在光线作用下,能使物体产生一定方向电动势的现象称为光生伏特效应,即光电效应。

物体受光照射后,内部的原子释放出电子,这些电子仍留在物体的内部,只是使物体产生光电动势的现象称为内光电效应;物体内的电子逸出物体表面的现象称为外光电效应,或称光电发射。

光电器件是将光能转换为电能的一种传感器件,它是构成光电式传感器最主要的部件,其工作的基础是光电效应。

光敏电阻又称光导管,是用半导体材料制成的光电器件,可以在直流、交流电路中工作。它是利用无光照射和有光照射时电阻值的变化来检测光的存在和强弱的。

光电二极管的材料和特性与普通二极管类似。管芯是一个具有光敏特性的 PN 结,在反向偏置下工作。无光照射时只有很小的暗电流,管子截止;有光照射时有光电流,管子导通。光电流随光强的增加线性地增大。

光电晶体管与一般晶体管相似,一般均用基极−集电极作为受光结。

光电池是一种直接将光能转换为电能的光电器件,它的工作原理是基于"光生伏特效应"。

光电式传感器是将光量的变化转变为电量变化的一种变换器,属于非接触式测量,它通常由光源、光学通路和光电器件三部分组成。光电式传感器按输出信号的形式可以分为模拟型和开关型两大类。

开关型光电式传感器主要有光电耦合器、光电开关和光电断续器。

红外传感器一般由光学系统、探测器、信号调理电路及显示等组成。红外探测器是红外传感器的核心,红外探测器种类很多,常见的有两大类:热控制器和光子探测器。

思考题及习题

1. 什么叫内光电效应、外光电效应、光生伏特效应?
2. 试述用光敏电阻检测光的原理。
3. 简述光电二极管和光电晶体管、光电池的结构特点、工作原理,如何正确选用这些器件?
4. 光敏电阻、光电二极管、光电晶体管的伏安特性的特点是什么?
5. 光电器件有哪几种类型? 各有何特点?
6. 当光源波长为 $0.8\sim0.9\ \mu m$ 时宜采用哪几种光电器件做测量元件? 为什么?

掌握光纤的基本知识。了解传光原理;了解各种功能型和非功能型光纤传感器的基本原理;了解光纤传感器的特点和应用范围。

知识目标

- 了解光的折射、反射和全反射;
- 掌握光纤的特性、结构和种类,光纤的模;
- 了解光调制与解调技术;
- 了解光纤传感器的分类;
- 了解相位调制的原理;
- 了解微弯曲损耗原理;
- 了解偏振态调制型光纤传感器;
- 了解非功能型光纤传感器;
- 了解光纤传感器原理。

技能目标

- 按照国际标准规定分类方法,对实验室的光纤进行分类。

光纤传感器(简称 FOS)是 20 世纪 70 年代迅速发展起来的一种新型传感器。具有灵敏度高、电绝缘性能好、抗电磁干扰、耐腐蚀、耐高温、体积小、质量轻等优点,可广泛应用于位移、速度、加速度、压力、温度、液位、流量、水声、电流、磁场、放射性射线等物理量的测量。

9.1　光纤传感器基本知识

　　1870 年的一天,英国物理学家丁达尔到皇家学会的演讲厅讲光的全反射原理,他做了一个简单的实验:在装满水的木桶上钻个孔,然后用灯从桶上边把水照亮。结果使观众们大吃一惊。人们看到,放光的水从水桶的小孔里流了出来,水流弯曲,光线也跟着弯曲,光居然被弯弯曲曲的水俘获了。

　　这是为什么呢? 难道光线不再直进了吗? 这些现象引起了丁达尔的注意,经过他的研究,发现这是光的全反射的作用,由于水等介质密度比周围的物质(如空气)大,即光从水中射向空气,当入射角大于某一角度时,折射光线消失,全部光线都反射回水中。表面上看,光好像在水流中弯曲前进。

　　后来人们造出一种透明度很高、粗细像蜘蛛丝一样的玻璃丝——玻璃纤维,当光线以合适的角度射入玻璃纤维时,光就沿着弯弯曲曲的玻璃纤维前进。由于这种纤维能够用来传输光线,所以称它为光导纤维。

9.1.1 光纤的结构和种类

1. 光及其特性

(1)光是一种电磁波。

可见光部分波长范围是 390～760 nm(纳米)。波长大于 760 nm 部分是红外光,波长小于 390 nm 部分是紫外光。光纤中应用的是 850 nm、1 310 nm、1 550 nm 三种波长的光。

(2)光的折射、反射和全反射。

因光在不同物质中的传播速度是不同的,所以光从一种物质射向另一种物质时,在两种物质的交界面处会产生折射和反射。而且,折射光的角度会随入射光的角度变化而变化。当入射光的角度达到或超过某一角度时,折射光会消失,入射光全部被反射回来,这就是光的全反射。不同的物质对相同波长光的折射角度是不同的(即不同的物质有不同的光折射率),相同的物质对不同波长光的折射角度也是不同。光纤通信就是基于以上原理而形成的。

2. 光纤的结构

光导纤维简称光纤,其外观如图 9-1 所示,内部结构如图 9-2 所示。

图 9-1 光纤的外观

光纤裸纤一般分为三层:中心高折射率玻璃芯(直径一般为 50 μm 或 62.5 μm),中间为低折射率硅玻璃包层(直径一般为 125 μm),最外是加强用的树脂涂层。光线在纤芯中传送,当光线照射到纤芯和外层界面的角度大于产生全反射的临界角时,光线透不过界面,会全部反射回来,继续在纤芯内向前传送,而硅玻璃包层主要起到保护的作用。

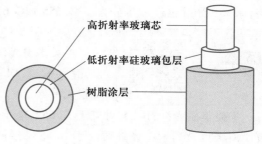

图 9-2 光纤的内部结构

3. 数值孔径

入射到光纤端面的光并不能全部被光纤所传输,只是在某个角度范围内的入射光才可以。这个角度就称为光纤的数值孔径。光纤的数值孔径大些对于光纤的对接是有利的。不同厂家生产的光纤的数值孔径不同。

4. 光纤的种类

光纤的种类很多,根据用途不同,所需要的功能和性能也有所差异。光纤的分类主要是从工作波长、折射率分布、传输模式、原材料和制造方法上进行分类,各种分类举例如下。

① **按工作波长分**:紫外光纤、可观光纤、近红外光纤、红外光纤(0.85 μm、1.3 μm、1.55 μm)。

② **按折射率分布分**:阶跃(SI)型光纤、近阶跃型光纤、渐变(GI)型光纤、其他光纤(如三角型、W型、凹陷型等)。

③ **按传输模式分**:单模光纤(含偏振保持光纤、非偏振保持光纤)和多模光纤。

单模光纤是只能传输一种模式的光纤。单模光纤只能传输基模(最低阶模),不存在模间时延差,具有比多模光纤大得多的带宽,这对于高码速传输是非常重要的。单模光纤的模场直径仅为几微米(μm),其带宽一般比渐变型多模光纤的带宽高一两个数量级。因此,它适用于大容量、长距离通信。

④ **按原材料分**:石英光纤、多成分玻璃光纤、塑料光纤、复合材料光纤(如塑料包层和液体纤芯等)、红外材料等。

石英光纤一般是指由掺杂石英芯和掺杂石英包层组成的光纤。这种光纤有很低的损耗和中等程度的色散。通信用光纤绝大多数是石英光纤。

全塑光纤是一种通信用新型光纤,尚在研制、试用阶段。全塑光纤具有损耗大、纤芯粗(直径100～600 μm)、数值孔径(NA)大(一般为0.3～0.5,可与光斑较大的光源耦合使用)及制造成本较低等特点。目前,全塑光纤适合于较短距离的应用,如室内计算机联网和船舶内的通信等。

⑤ **按制造方法分**:有气相轴向沉积(VAD)、化学气相沉积(CVD)、套管法(Rod in Tube)和双坩埚法等。

⑥ **按照国际标准规定分类**(按照ITU-T建议分类)

为了使光纤具有统一的国际标准,国际电信联盟(ITU-T)制定了统一的光纤标准(G标准)。按照ITU-T关于光纤的建议,可以将光纤的种类分为:

G.651光纤(50/125 μm多模渐变型折射率光纤)、G.652光纤(非色散位移光纤)、G.653光纤(色散位移光纤DSF)、G.654光纤(截止波长位移光纤)和G.655光纤(非零色散位移光纤)。

为了适应新技术的发展需要,G.652光纤已进一步分为了G.652A、G.652B、G.652C三个子类,G.655光纤也进一步分为了G.655A、G.655B两个子类。

知识拓展
光纤的辨识方法

⑦ **按照IEC(国际电工委员会)标准将光纤的种类分为**

A类多模光纤:A1a多模光纤(50/125 μm型多模光纤)、A1b多模光纤(62.5/125 μm型多模光纤)和A1d多模光纤(100/140 μm型多模光纤)。

B类单模光纤:B1.1对应于G.652光纤,增加了B1.3光纤以对应于G.652C光纤;B1.2对应于G.654光纤;B2光纤对应于G.653光纤;B4光纤对应于G.655光纤。

5. 光纤的模

在纤芯内传播的光波,可以分解为沿轴向传播的平面波和沿垂直方向(剖面方向)传播的平面波。沿垂直方向传播的平面波在纤芯与包层的界面上将产生反射,如果此波在一个往复(入射和反射)中相位变化为2π的整数倍,就会形成驻波。只有能形成驻波的那些以特定角度射入光纤的光才能在光纤内传播,这些光波就称为模。

在光纤内只能传输一定数量的模。通常,纤芯直径为50 μm时,能传播几百个以上的模,而纤芯直径为5～10 μm时,只能传播一个模。前者称为多模光纤,后者为单模光纤。

9.1.2 光调制与解调技术

光的全反射现象是研究光纤传光原理的基础。在几何光学中已知道,当光线以较小的入射角 φ_1($\varphi_1<\varphi_c$,φ_c 称为临界角)由光密媒质(折射率为 n_1)射入光疏媒质(折射率为 n_2)时,一部分光线被反射,另一部分光线折射入光疏媒质,如图 9-3(a)所示。折射角满足斯乃尔法则,即

$$n_1 \sin \varphi_1 = n_2 \sin \varphi_2 \tag{9-1}$$

由能量守恒定律,反射光与折射光的能量之和等于入射光的能量。

逐渐加大入射角 φ_1,一直到 φ_c,折射光就会沿着界面传播,如图 9-3(b)所示。此时折射角中 $\varphi_2=90°$。这时的入射角 $\varphi_1=\varphi_c$,φ_c 由式(9-1)确定:

$$\sin \varphi_c = \frac{n_2}{n_1} \tag{9-2}$$

继续加大入射角 φ_1(即 $\varphi_1>\varphi_c$),光不再产生折射,只有反射,形成光的全反射现象,如图 9-3(c)所示。

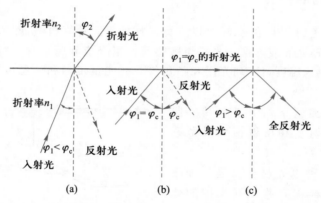

图 9-3 光线入射角小于、等于和大于临界角时界面上发生的内反射

下面以阶跃型多模光纤为例来说明光纤的传光原理。

阶跃型多模光纤的基本结构如图 9-4 所示。设纤芯的折射率为 n_1,包层的折射率为 n_2($n_1>n_2$)。当光线从空气(折射率 n_0)中射入光纤的一个端面,并与其轴线的夹角为 θ_0 时,在光纤内折成 θ_1 角,见图 9-4(a),然后以 φ_1($\varphi_1=90°-\theta_1$)角入射到纤芯与包层的界面上。若入射角 φ_1 大于临界角 φ_c,则入射的光线就能在界面上产生全反射,并在光纤内部以同样的角度反复逐次全反射向前传播,直至从光纤的另一端射出。因光纤两端都处于同一媒质(空气)之中,所以出射角也为 θ_0。光纤即便弯曲,光也能沿着光纤传播。但是光纤过分弯曲,以致使光射至界面的入射角小于临界角,那么,大部分光将透过包层损失掉,从而不能在纤芯内部传播。

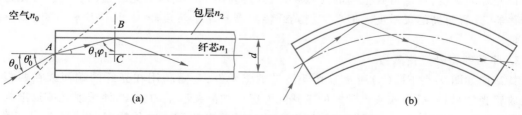

图 9-4 阶跃型多模光纤中子午光线的传播

从空气中射入光纤的光并不一定都在光纤中产生全反射。图 9-4(a)中的虚线表示入射角 θ'_0 过大,光线不能满足临界角要求(即 $\varphi_1 < \varphi_c$),这部分光线将穿透包层而逸出,称为漏光。即使有少量光经过反射回到光纤内部,但经过多次这样的反射后,能量已基本上损耗掉,以致几乎没有光通过光纤传播出去。因此,只有在光纤端面一定入射角范围内的光线才能在光纤内部产生全反射传播出去。能产生全反射的最大入射角可以通过临界角定义求得。

引入光纤的数值孔径 NA 这个概念,则

$$\sin \theta_c = (1/n_0)\sqrt{n_1^2 - n_2^2} = NA \tag{9-3}$$

式中　n_0——光纤周围媒质的折射率,对于空气,$n_0 = 1$。

数值孔径是衡量光纤集光性能的一个主要参数,它决定了能被传播的光束的半孔径角的最大值 θ_c,反映了光纤的集光能力。它表示无论光源发射功率多大,只有 $2\theta_c$ 张角的光,才能被光纤接收、传播(全反射),NA 数值孔径越大,光纤的集光能力越强。光纤产品通常不给出折射率,而只给出 NA 的值。石英光纤的 $NA = 0.2 \sim 0.4$。

9.1.3　光纤传感器的分类

光纤可以把阳光送到各个角落,还可以进行机械加工。计算机、机器人、汽车配电盘等也已成功地用光导纤维传输光源或图像。光纤与敏感元件组合或利用本身的特性,则可以做成各种传感器,测量压力、流量、温度、位移、光泽和颜色等。在能量传输和信息传输方面光纤也获得广泛的应用。

按照光纤传感器类型分,常用光纤传感器又可分为遮断型、反射型和反射镜反射型三种,如图 9-5 所示。

由于光纤既是一种电光材料又是一种磁光材料,它与电和磁存在某些相互作用的效应,因此它具有"传"和"感"两种功能。

按照光纤在传感器中的作用,通常可将光纤传感器分为两种类型:一类是功能型(或称传感型、物性型),另一类是非功能型(或称传光型、结构型)。

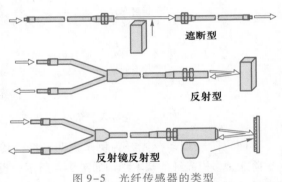

图 9-5　光纤传感器的类型

1. 功能型光纤传感器

其结构如图 9-6(a)所示,主要使用单模光纤。光纤本身不仅起传光作用,又是敏感元件。它利用了光纤本身的传输特性受被测物理量作用发生变化,而使光纤中波导光的属性(光强、相位、偏振态、波长等)被调制的特性。功能型光纤传感器的特点是:由于光纤本身是敏感元件,因此加长光纤的长度,可以得到很高的灵敏度,尤其是利用干涉技术对光的相位变化进行测量的光纤传感器,具有超高的灵敏度。但功能型光纤传感器技术上难度较大,结构比较复杂,调整也比较困难。

2. 非功能型光纤传感器

其结构如图 9-6(b)、(c)所示。光纤不是敏感元件,它是利用在光纤的端面或在两根光纤中间放置光学材料、机械式或光学式的敏感元件感受被测物理量的变化,使透射光或反射光强度随之发生变化,光纤只是作为光的传输回路。这种传感器也称之为传输回路型光纤传感器。为

了得到较大受光量和传输的光功率,非功能型光纤传感器使用的光纤主要是数值孔径和芯径大的阶跃型多模光纤。非功能型光纤传感器的特点是结构简单、可靠,技术上容易实现,便于推广应用,但灵敏度比功能型光纤传感器低,测量精度也差些。

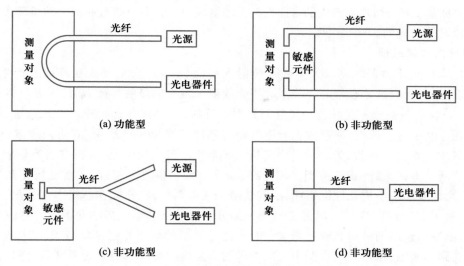

图 9-6　光纤传感器的基本结构原理

在非功能型(传光型)光纤传感器中,也有并不需要外加敏感元件的情况,光纤把测量对象辐射的光信号或测量对象反射、散射的光信号传播到光电元件上,即可达到目的,如图 9-6(d)所示。这种光纤传感器也称为传感孔针型光纤传感器,通常使用单模光纤或多模光纤。

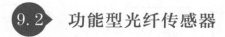　**功能型光纤传感器**

功能型光纤传感器分为相位调制型和光强调制型。

9.2.1　相位调制型光纤传感器

1. 相位调制的原理

当一束波长为 λ 的相干光在光纤中传播时,光波的相位角与光纤的长度 L、纤芯折射率 n_1 和纤芯直径 d 有关。若光纤受物理量的作用,将会使这三个参数发生不同程度的变化,从而引起光的相位移动。我们可以应用光的相位检测技术测量出温度、压力、加速度、电流等物理量。

由于光的频率很高(约为 10^{14} Hz),光电探测器不能跟踪以这样高的频率进行变化的瞬时值。因此,光波的相位变化是不能够直接被检测到的。为了能检测光波的相位变化,就必须应用光学干涉测量技术将相位调制转换成振幅(强度)调制。通常,在光纤传感器中常采用干涉测量仪。

2. 干涉测量仪的基本原理

光源的输出光都被分束器(棱镜或低损耗光纤耦合器)分成光功率相等的两束光(或几束光),并分别耦合到两根或几根光纤中去。在光纤的输出端再将这些分离光束汇合起来,输到一个光电探测器,这样在干涉仪中就可以检测出相位调制信号。

9.2.2   光强调制型光纤传感器

它是一种基于光纤微弯而产生的弯曲损耗原理制成的传感器。微弯曲损耗的机理可用图 9-7 中光纤微弯对传播光的影响来说明。

1. 微弯曲损耗原理

假如光线在光纤的直线段以大于临界角射入界面($\varphi_1 > \varphi_c$),则光线在界面上产生全反射。理想情况下,光将无衰减地在纤芯内传播。当光线射入微弯曲段的界面上时,入射角将小于临界角($\varphi_1 < \varphi_c$),这时,一部分光在纤芯和包层的界面上反射,另一部分光则透射进入包层,从而导致光能的损耗。基于这一原理,研制成光纤微弯曲传感器。如图 9-8 所示,它由两块波形板(变形器)构成,其中一块是活动板,另一块是固定板。波形板一般采用尼龙、有机玻璃等非金属材料制成。一根阶跃型多模光纤(或渐变型多模光纤)从一对波形板之间通过,当活动板受到位移或压力作用时,光纤就会发生周期性微弯曲,引起传播光的散射损耗,使光在芯模中再分配:一部分光从芯模(传播模)耦合到包层模(辐射模),另一部分光反射回芯模。当活动板的位移或所加的压力增加时,泄漏到包层的散射光随之增大;相反,光纤芯模的输出光强度就减小,如图 9-9 所示。这样光强受到了调制,通过检测泄漏出包层的散射光强度或光纤芯透射光强度就能测出位移(或压力)信号。

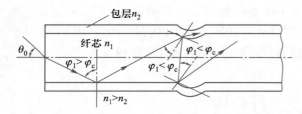

图 9-7   光纤微弯曲对传播光的影响

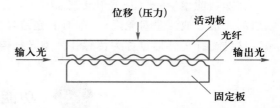

图 9-8   光纤微弯曲位移(压力)传感器原理图

光纤微弯曲传感器的一个突出的优点是光功率维持在光纤内部,这样可以免除周围环境污染的影响,适宜在恶劣环境中使用。光纤微弯曲传感器的灵敏度很高,能检测小至 100 μPa 的压力变化;它能兼容多模光纤技术,结构比较简单;具有动态范围宽、线性度较好、性能稳定等优点。因此,光纤微弯曲传感器是一种有发展前途的传感器。

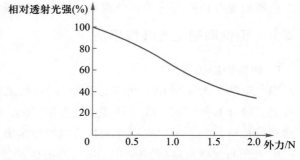

图 9-9   光纤芯透射光强度与外力的关系

2. 偏振态调制型光纤传感器

从普通物理学知道,当某些介质中传播的线偏振光受到沿光传播方向的磁场作用时,线偏振光的偏振面会发生旋转,这一现象就是磁光效应,通常称为法拉第旋转效应。

偏振态调制型光纤传感器就是基于这一效应的具体应用,其中最典型的应用例子是检测高压输电线电流的光纤电流传感器。如图 9-10 所示,在高压输电线上绕有单模光纤,激光器发出的光束经起偏器变成线偏振光,通过显微物镜耦合进光纤。光纤中传播的线偏振光在高压输电线形成的磁场作用下,使偏振面发生旋转,旋转的角度 θ 与磁场强度 H 及磁场中光纤的长度 L 成正比,即

$$\theta = VHL \tag{9-4}$$

式中 V——费尔德(Verdet)常数。

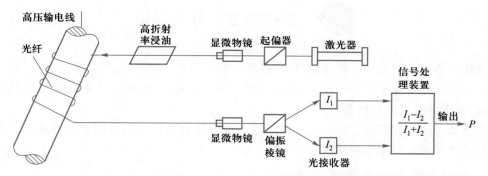

图 9-10 偏振态调制型光纤电流传感器测试原理图

载流长导线在离轴线距离为 r 处的空间磁场的强度 H,可以用安培环路定律计算得到

$$H = \frac{I}{2\pi r} \tag{9-5}$$

式中 I——载流导线通过的电流。

由于光纤直接绕在载流导线上,因此只要将式(9-5)中的 r 当作导线的半径,那么 H 就是光纤所处空间位置的磁场强度。将式(9-5)代入式(9-4),可得到导线中电流强度的计算式:

$$I = \frac{2\pi r\theta}{VL} \tag{9-6}$$

由式(9-6)可知,电流强度 I 与线偏振光的偏振面旋转角 θ 成正比,只要测出 θ 角就可知道导线中的电流。

由于磁光效应,线偏振光在通过磁场中的一段光纤以后,其偏振面已经旋转了一个角度,这样必然使偏振光强度发生变化。如图 9-10 所示,将光纤的出射光通过偏振棱镜分成振动方向互相垂直的两束偏振光,并分别送到光接收器,经过信号处理装置处理后,可以输出与两束偏振光强度有关的信号,即

$$P = \frac{I_1 - I_2}{I_1 + I_2} \tag{9-7}$$

式中 I_1、I_2——两束偏振光的强度。

在没有任何磁场时,$P = 0$;在磁场作用下,偏振面发生旋转,相应输出信号 P。计算表明,P 与旋转角 θ 的关系为

$$P = \sin 2\theta \tag{9-8}$$

在高压输电线中,光纤中传播的线偏振光偏振面旋转的角度很小,所以

$$P \approx 2\theta \tag{9-9}$$

因此测出 P 值后,就可以求出传输导线中的电流 I。

这种光纤电流传感器的优点是:测量范围大,灵敏度高,尤其是因为光纤具有良好的电绝缘性能,所以能安全地在高压电力系统中进行测量。但光纤自身存在一定的双折射效应,温度、压

力等外界因素将使光的偏振面产生附加的旋转,从而引起输出不稳定。降低光纤的固有双折射或采用"旋光纤"(在拉制光纤过程中旋转坯棒拉制出来的光纤),可以大大降低光的偏振面随外界因素变化的旋转角度。

9.3　非功能型光纤传感器

　　光纤仅起传输光信号光学通路的作用,被测参数均在光纤之外,由外置敏感组件调制到光信号中去。由于光纤传输光信号效率高、抗干扰能力强,可挠曲,使光学通路的设置更加灵活、可靠,大大改善了传统光电检测技术的不足。

　　非功能型光纤传感器中主要是光强调制型。按照敏感元件对光强调制的原理,又可以分为传输光强调制型和反射光强调制型。

9.3.1　传输光强调制型光纤传感器

　　传输光强调制型光纤传感器,一般在两根光纤(输入光纤和输出光纤)之间配置有机械式或光学式的敏感元件,如图 9-6(b)所示。敏感元件在物理量作用下调制传输光强的方式有:改变输入光纤和输出光纤之间的相对位置、遮断光路和吸收光能量等。

1. 改变光纤相对位置光纤传感器原理

　　当两根光纤充分靠近(中间约有几个波长距离的薄层空气)时,一部分光将透射入空气层并进入输出光纤,这种现象称为受抑全内反射现象。受抑全内反射光纤压力传感器,是利用改变光纤轴向相对位置对光强进行调制的一个典型例子。传感器有两根多模光纤:一根固定,另一根在压力作用下可以垂直位移,如图 9-11 所示。这两根光纤相对的端面被抛光,并与光纤轴线成一足够大的角度 θ,以便使光纤中传播的所有模式的光产生全内反射。它类似于量子力学中的"隧道效应"或"势垒穿透"。当一根光纤相对另一根固定光纤垂直位移距离 x时,则两根光纤端面之间的距离变化 $x\sin\theta$,透射光强便随距离发生变化。

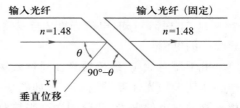

图 9-11　压力传感器受抑全内反射光纤

2. 遮断光路的光纤传感器原理

　　图 9-12 为遮断光路的光栅调制光强的原理图。在两根大芯径多模光纤之间放置一对线光栅。光栅由全透过和不透过光的等宽度栅格组成。当两光栅相对平行移动时,透射光强度发生变化。

　　图 9-13 为应用遮断光路调制光强原理的光栅式水声传感器。其中一个光栅固定在传感器底板上,另一个光栅与弹性膜片相连。输入光经透镜准直后射到一对光栅上,如果两光栅所处的相对位置正好是全透过与不透过部分重合,这种情况将没有光透过光栅,输出光强为零。如果两光栅所处的相对位置是全透过部分与全透过部分重合,这时输出光强达到最大。输出光经另一个透镜聚焦到输出光纤中。假设两个光栅都由间距为 5 μm、格子宽 5 μm 的栅元组成,则透射光强将随两光栅的相对位移成周期性变化,输出光经光电探测器转换成电信号,再经过放大就可检测出压力信号。

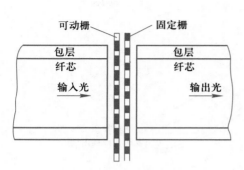

图 9-12 光栅调制光强的原理图

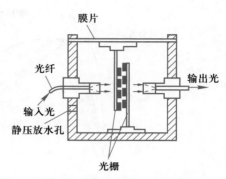

图 9-13 光栅式光纤水声传感器

9.3.2 反射光强调制型光纤传感器

实现反射光强调制的常见形式有两种:改变反射面与光纤端面之间的距离;改变反射面的面积。下面以改变反射面与光纤端面之间的距离为例说明其工作原理。

如图 9-14 是一种基于改变反射面与光纤端面之间距离的反射光强调制型传感器。反射面是被测物的表面,Y 形光纤束由几百根至几千根直径为几十微米的阶跃型多模光纤集束而成。它被分成纤维数目大致相等、长度相同的两束:发送光纤束和接收光纤束。发送光纤束的一端与光源耦合,并将光源射

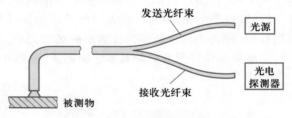

图 9-14 光纤位移传感器

入其纤芯的光传播到被测物表面(反射面)上;反射光由接收光纤束拾取,并传播到光电探测器转换成电信号输出。

如图 9-15 所示,光纤有不同的分布方式。由图 9-16 可知,反射光强与位移的特性曲线与分布方式有关,随机分布方式较好。采用这种分布方式的传感器,无论灵敏度还是线性度都比按其他几种分布方式工作的要好,光纤位移(或压力)传感器所用的光纤一般都采用随机分布的光纤。

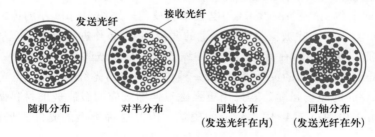

随机分布　　对半分布　　同轴分布　　同轴分布
　　　　　　　　　　　（发送光纤在内）（发送光纤在外）

图 9-15 光纤分布方式

光纤位移传感器一般用来测量小位移。最小能检测零点几微米的位移量。这种传感器已在镀层的不平度、零件的椭圆度、锥度等测量中应用,还可用来测量微弱的振动。

9.3.3 光纤磁场传感器

光纤测量磁场(和电流)一般可以利用两种效应:法拉第效应和磁致伸缩效应。这里只介绍利用磁致伸缩效应测量磁场的原理。

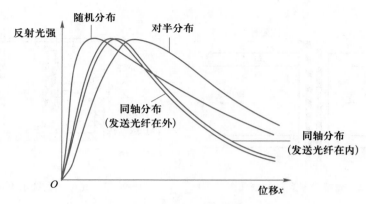

图 9-16　反射光强与位移的关系

镍、铁、钴等金属结晶体材料和铁基非晶态金属玻璃(FesiB)具有很强的磁致伸缩效应,光纤磁场传感器即利用这一效应制成。将一段单模光纤和磁致伸缩材料黏合在一起,并且作为干涉仪的一个臂(传感臂),把它们沿外加磁场轴向放置在磁场中。由于磁致伸缩材料的磁致伸缩效应,光纤被迫产生纵向应变,使光纤的长度和折射率发生变化,从而引起光纤中传播光产生相移。利用马赫-泽德干涉仪就可以检测出磁场的大小。

光纤磁场传感器有三种基本结构形式,如图 9-17 所示。

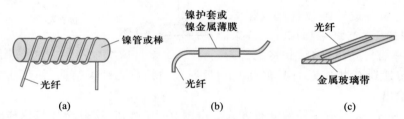

图 9-17　光纤磁场传感器基本结构

① 在磁致伸缩材料的圆柱体上卷绕光纤,如图 9-17(a)所示。

② 在光纤表面上包上一层镍护套或用电镀方法被覆一层约 10 μm 厚的镍或镍合金金属层,如图 9-17(b)所示。为了消除被覆过程中产生的残余应变,必须进行退火处理。

③ 用环氧树脂将光纤粘贴在具有高磁致伸缩效应的金属玻璃带上,如图 9-17(c)所示。

相位调制光纤磁场传感器的灵敏度极高,一种包镍护套的光纤传感器,当光纤长 1 m 时,可检测到 1.4×10^{-3} A/m 的磁场强度。若采用更强磁致伸缩效应的金属玻璃材料做护套,当光纤长至 1 km 时,预计可以检测小至 4×10^{-9} A/m 的磁场。因此这种类型的光纤磁场传感器特别适用于弱磁场的检测。

本章小结

本章主要介绍了光纤的基本结构、光纤的传光原理和特性,并对光纤传感器的分类和特点进行了描述。

光纤按纤芯和包层材料性质分类,有玻璃光纤、塑料光纤、玻璃塑料混合光纤;光纤按折射率分布分类,有阶跃折射率型和梯度折射率型光纤;光纤按传输模式分类,有多模光纤和单模光纤。光纤传感器分为功能型和非功能型两种类型。

功能型光纤传感器主要使用单模光纤,此时光纤不仅起传光作用,又是敏感元件。功能型光纤传感器分为相位调制型、光强调制型和偏振态调制型三种类型。

非功能型光纤传感器中光纤不是敏感元件,它是利用在光纤的端面或在两根光纤中间放置光学材料、机械式或光学式的敏感元件感受被测物理量的变化,使透射光或反射光强度随之发生变化,这种情况下光纤只是作为光的传输回路,所以这种传感器也称之为传输回路型光纤传感器。非功能型光纤传感器分为传输光强调制型和反射光强调制型两种类型。

思考题及习题

1. 说明光纤的组成并分析传光原理。
2. 光纤的数值孔径 NA 的物理意义是什么？NA 取值大小有什么作用？
3. 说明光纤传感器的分类。
4. 功能型光纤传感器的分类和特点是什么？
5. 非功能型光纤传感器的分类和特点是什么？

第二篇
检测技术

　　最初，人类观察和认识自然现象只能依靠自身的感觉器官（如眼、鼻、耳、舌、皮肤等）以及极为简单的工（量）具。随着科学技术的发展和社会的进步，现代人类获取外部信息的手段和工具已经有了极大的进步。从观察微生物的显微镜到探测宇宙的射电望远镜，从工业生产线上的探头到气象、水文、地质的监测，到处都需要对人们关心的对象提供及时准确的信息，这就是检测技术。

　　检测技术，就是利用各种物理、化学效应，选择合适的方法和装置，将生产、科研、生活中的有关信息通过检查与测量的方法赋予定性或定量结果的过程。

认识检测技术，了解测量基础知识和检测系统。掌握测量误差的分类，了解测量误差估计以及纠正方法。

知识目标

- 认识检测的定义和作用；
- 了解测量的基本概念和分类；
- 了解开环与闭环检测系统；
- 了解测量误差的表示方法；
- 掌握测量误差的分类；
- 了解测量精度的三个指标。

技能目标

- 能够辨识常见电工仪表精度。

10.1　认识检测技术

10.1.1　检测的定义和作用

1. 检测技术的定义

检测技术是人们为了对被测对象所包含的信息进行定性地了解和定量掌握所采取的一系列技术措施的统称，它是现代化领域中很有发展前景的技术。

在信息社会的一切活动领域中，从日常生活、生产活动到科学实验，时时处处都离不开检测技术。现代化的检测手段在很大程度上决定了生产和科学技术的发展水平，而科学技术的发展又为检测技术提供了新的理论基础和制造工艺，同时对检测技术提出了更高的要求。

2. 检测技术的作用

检测技术在设备安全经济运行和监测中得到了越来越广泛的应用。例如电力、冶金、石油、化工、机械等行业的一些大型设备，通常都在高温、高压、高速、大功率状态下运行，保证这些关键设备安全运行非常重要。为此，通常设置故障监测系统以对温度、压力、流量、转速、振动、噪声等多种参数进行长期动态监测，以便及时发现异常情况，加强故障预防，达到早期诊断的目的。这样做可以避免严重的突发事故，保证设备和人员安全，提高经济效益。随着计算机技术的发展这类监测系统已经发展到故障自诊断系统。可以采用计算机来处理检测信息，进行分析、判断，及时诊断出设备故障并自动报警或采取相应的对策。

　　检测技术也是生产过程自动化系统中不可缺少的组成部分。通过检测系统可以了解生产过程是否符合工艺规程规定,是否达到了预定的质量及技术经济指标,从而根据检测结果,通过控制系统,对生产过程予以正确的调整。因此,检测系统是监视生产过程的"耳目",也是实现生产过程自动化的基础。

　　图 10-1 为一个简单的自动控制系统方块图。检测装置感受被控量的大小,变换成控制器所需要的信号形式,如电信号。将该信号送给控制器并与给定值进行比较,控制器根据比较的结果发出控制信号去控制执行器的动作,实现对被控对象的控制,使被控量满足控制要求。

图 10-1　自动控制系统方块图

　　由此可见,在自动控制系统中,检测系统的作用是信息的提取、信息的转换及处理,是整个系统的基础。如果它们性能不佳,就难以确保整个系统性能优良。

10.1.2　测量的基本概念

　　测量是检测技术的主要组成部分,测量得到的是定量的结果。人类生产力的发展促进了测量技术的进步,现代社会要求测量必须达到一定的准确度,误差要小,速度要快,可靠性要高,测量的方法也日新月异。

　　测量就是借助专用的手段和技术工具,通过实验的方法,把被测量与同性质的标准量进行比较,求出二者的比值,从而得到被测量数值大小的过程。传感器是感知、获取与检测信息的窗口,特别是在自动检测和自动控制系统中获取的信息,都要通过传感器转换为容易传输与处理的电信号。

　　在工程实践和科学实验中提出的检测任务是正确及时地掌握各种信息,大多数情况下是要获取被测对象信息的大小,即被测量的大小。这样,信息采集的主要含义就是测量并取得测量数据。

　　测量是以确定量值为目的的一系列操作。它将被测量与同性质的标量通过专用的技术和设备进行比较,确定被测量对标准量的倍数,然后在量值上给出被测量的大小和符号的描述。可由下式表示:

$$X = AX_0。 \tag{10-1}$$

式中　X——被测量;

　　　X_0——标准量;

　　　A——比值(量纲 1)。

　　测量结果可用一定的数值表示,也可用一条曲线或某种图形表示。但无论其表现形式如何,测量结果应包括两部分,即比值和测量单位,确切地讲,测量结果还应包括误差部分。

　　被测量值和比值等都是测量过程的信息,这些信息依托于物质才能在空间和时间上进行传递。测量时,参数承载了信息而成为信号,所以应选择其中适当的参数作为测量信号,例如热电偶温度传感器的工作参数是热电偶的电势,差压流量传感器中的孔板工作参数是差压 ΔP。测量过程就是传感器从被测对象获取被测量的信息,建立起测量信号,经过变换、传输、处理,从而获得被测量的量值。

10. 2　测量方法和检测系统

10. 2. 1　测量方法

实现被测量与标准量比较得出比值的方法,称为测量方法。针对不同测量任务进行具体分析以找出切实可行的测量方法,对测量工作是十分重要的。对于测量方法,从不同角度,有不同的分类方法。

1. 按测量过程的特点分类

(1) 直接测量法

在使用仪表或传感器进行测量时,对仪表读数不需要经过任何运算就能直接表示测量所需要结果的测量方法称为直接测量。直接测量的优点是测量过程既简单又迅速,缺点是测量精度不高。

① 偏差法。将被测量直接与已知其值的同类量进行比较,用仪表指针的位移(即偏差)决定被测量的量值的测量方法称为偏差法。该方法所使用的测量工具一般是直读指示式仪表,如标度尺、玻璃温度计、电流表、电压表等。测量仪表已预先用标准量具进行了分度和校准。测量过程中,测量人员根据被测量对应在仪表上的刻度,读出其指示值,再乘以测量仪器的常数或倍率,即可完成对被测量的测量。这种方法的测量过程非常简单、方便,实际工作中广泛使用,但测量精度较低。

② 零位法。用指零仪表的零位指示检测测量系统的平衡状态,在测量系统平衡时,用已知的标准量决定被测量的值,这种测量方法称零位测量。在测量时,已知的标准量直接与被测量相比较,已知量应连续可调,指零仪表指零时,被测量与已知标准量相等。例如天平、电位差计等。零位式测量的优点是可以获得比较高的测量精度,但测量过程比较复杂、费时,不适用于测量迅速变化的信号。

③ 微差法。综合了偏差式测量与零位式测量的优点而提出的一种测量方法。它将被测量与已知的标准量相比较,取得差值后,再用偏差法测得此差值。应用这种方法测量时,不需要调整标准量,而只需测量两者的差值。微差式测量的优点是反应快、测量精度高,特别适用于在线控制参数的测量。

(2) 间接测量法

在使用仪表或传感器进行测量时,首先对与测量有确定函数关系的几个量进行测量,将被测量代入函数关系式,经过计算得到所需要的结果。这种手续较多,花费时间较长,一般用于直接测量不方便或者缺乏直接测量手段的场合。

(3) 组合测量法

被测量必须经过求解联立方程组,才能得到最后结果,这样的测量称为组合测量。组合测量是一种特殊的精密测量方法,操作手续复杂,花费时间长,多用于科学实验或特殊场合。

2. 按测量精度分类

(1) 等精度测量法。用相同仪表与测量方法对同一被测量进行多次重复测量,称为等精度测量。

（2）非等精度测量法。用不同精度的仪表或不同的测量方法、或在环境条件相差很大时对同一被测量进行多次重复测量称为非等精度测量。

3. 按测量仪表特点分类

（1）接触测量法

传感器直接与被测对象接触，承受被测参数的作用，感受其变化，从而获得信号，并测量其信号大小的方法。

（2）非接触测量法

传感器不与被测对象直接接触，而是间接承受被测参数的作用，感受其变化，从而获得信号，并测量其信号大小的方法。

4. 按测量对象的特点分类

（1）静态测量法

静态测量是指被测对象处于稳定情况下的测量，此时被测对象不随时间变化，故又称稳态测量。

（2）动态测量法

动态测量是指被测对象处于不稳定情况下进行的测量，此时被测对象随时间变化，因此，这种测量必须在瞬间完成，才能得到动态参数的测量结果。

10.2.2 检测系统

1. 检测系统的组成

一个完整的检测系统一般由传感器、信号处理装置、显示记录装置等几部分组成，分别完成信息的获取、转换、显示和处理等功能。当然，其中还包括电源和信号传输装置等不可缺少的部分。图 10-2 为检测系统的组成框图。

图 10-2 检测系统组成框图

传感器是感受被测量的大小并输出信号的器件或装置。传感器是检测系统与被测对象直接发生联系的部件，是检测系统最重要的环节，决定检测系统获取信息的质量。因为检测系统的其他环节无法添加新的检测信息，而且不易消除传感器所引入的误差。

信号传输装置用来传输信号。但检测系统的几个功能环节独立地分割开的时候，则必须由一个地方向另一个地方传输信号，信号传输环节就是完成这种传输功能的。

信号处理装置是将传感器输出信号进行处理或变换。如对信号进行放大、运算、线性化、数模或模数转换，变成另一种参数的信号或变成某种标准化的统一信号，使其输出信号便于显示、记录，既可用于自动控制系统，也可与计算机系统连接，以便对测量信号进行信息处理。

信号显示记录装置是将被测量信息变成人感官能接受的形式，以完成监视、控制或分析的目的。测量结果可以采用模拟显示，也可采用数字显示，也可以由记录装置进行自动记录或由打印机将数据打印出来。

2. 开环检测系统与闭环检测系统

（1）开环检测系统

该系统全部信息变换只沿着一个方向进行，如图 10-3 所示。

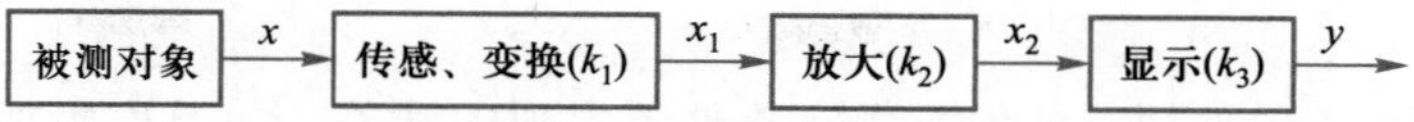

图 10-3 开环检测系统框图

其中:x 为输入量,y 为输出量,k_1、k_2、k_3 为各个环节的传递系数。采用开环方式构成的测量系统,结构较简单,但各环节特性的变化都会造成测量误差。

(2)闭环检测系统

在开环系统的基础上加了反馈环节,使得信息变换与传递形成闭环,能对包含在反馈环内各环节造成的误差进行补偿,使得系统的误差变得很小。

10.3 测 量 误 差

测量的目的是获取被测量的真实值。但由于种种原因,例如传感器本身不十分优良,测量方法不很完善,外界干扰的影响等,都会造成被测参数的测量值与真实值不一致,两者的不一致程度用测量误差表示。

任何一个量的绝对准确值只是一个理论概念,称之为这个量的真值,指严格定义的一个量的理论值。真值在实际中永远也无法测量出来,因此为了使用的目的,通常用约定真值来代替真值。所谓约定真值,就是与真值的差可以忽略、可以代替真值的值。

在实际中,用测量仪表对被测量进行测量时,测量的结果与被测量的约定真值之间的差别就称为误差。

10.3.1 测量误差的表示方法

1. 绝对误差 Δ

绝对误差 Δ 是指测量结果 X 与被测量的真实值 Q 之间差值的绝对值,即

$$\Delta = |X-Q| \tag{10-2}$$

它反映了测量的精度,绝对误差越大,测量精度越低。

2. 相对误差 δ

只用绝对误差来表示测量误差,不能很好地说明测量质量的好坏,因为对于同一绝对误差来说,测量的真实值越大,测量精度越高,故引入了相对误差。相对误差 δ 是绝对误差 Δ 与测量值 X 的比值,通常用百分数表示,即

$$\delta = \frac{\Delta}{X} \times 100\% \tag{10-3}$$

3. 引用误差 γ

引用误差是仪表中通用的一种误差表示方法。它是相对仪表满量程的一种误差,一般也用百分数表示,即

$$\gamma = [\Delta / (测量范围上限-测量范围下限)] \times 100\% \tag{10-4}$$

4. 基本误差

基本误差是指仪表在规定的标准条件下工作时所具有的误差。如仪表在电源电压、电网频率、环境温度和湿度规定允许的波动范围等条件下工作时所具有的误差。

5. 附加误差

附加误差是指仪表的使用条件偏离额定条件下出现的误差。如温度附加误差、频率附加误差、电源电压波动附加误差等。

10.3.2　测量误差的分类

根据测量数据中误差所呈现的规律,误差可分为三种,即系统误差、随机误差和粗大误差。

1. 系统误差

对同一被测量进行多次重复测量时,如果误差按照一定的规律出现,则把这种误差称为系统误差。如标准量值的不准确及仪表刻度的不准确而引起的误差。

2. 随机误差

对同一被测量进行多次重复测量时,绝对值和符号不可预知的变化,但就误差的总体而言,具有一定的统计规律性的误差称随机误差。

3. 粗大误差

明显偏离测量结果的误差称为粗大误差,又称疏忽误差。这类误差是由于测量者疏忽大意或环境的突然变化引起的。

10.3.3　测量精度与分辨率

衡量仪表测量能力的指标中,通常遇到较多的是精确度(简称精度)的概念。与精度有关的指标有三个:精密度、准确度和精确度等级。

1. 精密度

描述测量仪表指示值不一致程度的量称为精密度。即对某一个稳定的被测量,在相同的工作条件下,由同一个测量者使用同一个仪表,在相当短的时间内按同一方向连续重复测量,获得测量结果不一致的程度。例如某温度计的精密度为 0.5 K,表明该温度计测量温度时,不一致程度不会大于 0.5 K。不一致程度越小,说明仪表越精密。有时表面上看不一致程度为零,但并不能说明该仪表精密度好。例如某距离的真值是 1.426 m,经某仪表多次测量的结果均为 1.4 m,这只能说明该仪表显示的有效位数太少。显然能读出的有效位数越多,仪表的精密度才有可能越高。

2. 准确度

描述仪表指示值有规律地偏离真值的程度称为准确度。例如某电压的真值是 10.000 mV。经某电压表多次测量结果是 10.03 mV、10.04 mV、10.06 mV、10.04 mV,则该电压表指示值偏离真值的数值为 0.06 mV,所以该电压表的准确度为 0.06 mV。

准确度是由系统误差产生的,它是指服从某一特定规律(如定值、线性、多项式、周期性函数等规律)的误差。产生系统误差的原因有:仪表工作原理所利用的物理规律不完善,仪表本身材质、零部件、制造工艺有缺陷,测量环境有变化,测量中使用仪表的方法不正确,测量工作人员不良的读数习惯等。总之,这些误差的出现是有规律的,产生的原因是可知的。所以应尽可能了解各种误差的成因,并设法消除其影响,或者,在不能消除时,确定或估计出其误差值。

3. 精确度

精确度是精密度和准确度两者的总和,即仪表在测量性能上的综合优良程度,仪表的精密度和准确度都高,其精确度才能高。精确度最终是以测量误差的相对值来表示的,一般用仪表精度等级表示。

精确度是反映测量仪表优良程度的综合指标。实际测量中,精密度高,准确度不一定高,因仪表本身可以存在较大的系统误差。反之,如果准确度高,精密度也不一定高。精密度和准确度的区别,可以用图10-4射击的例子来说明。图10-4(a)表示弹着点很分散,相当于精密度差;图10-4(b)表示精密度虽好,但准确度差;图10-4(c)才表示精密度和准确度都很好。

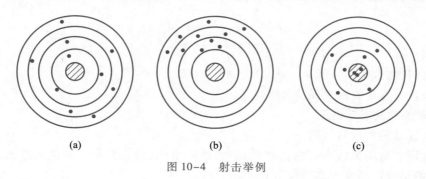

图 10-4 射击举例

4. 精度等级

在工程检测中,为了简单地表示仪表测量结果的可靠程度,引入一个仪表精度等级的概念,用 A 表示。

精度等级 A 是最大绝对允许误差值相对仪表测量范围的百分数,分 0.001、0.005、0.02、···、2.5、4.0、6.0 等级。例如,0.5 级表的允许误差的最大值不超过 $\pm5\%$,1.0 级表的允许误差的最大值不超过 $\pm1\%$。

精度等级 A 的定义是:仪表在规定工作条件下,最大绝对允许误差值相对仪表测量范围的百分数,即

$$A\% = \frac{\Delta g_{\max}}{x_{\max} - x_{\min}} \times 100\% \tag{10-5}$$

式中　$\Delta g_{\max}$——最大绝对允许误差;

$x_{\max}$、$x_{\min}$——测量范围的上、下限值;

A——精度等级。

为了方便,对 A 的数值以一系列标准百分数值进行分档,如 0.001,0.005,0.02,0.05,···5,2.5,4.0,6.0 等。例如某仪表的精度为 1.5 级,表明该仪表指示值相对误差不大于 $\pm1.5\%$。

5. 分辨率

如果某仪表的输入量从某个任意非零值缓慢地变化(增大或减少),在输入变化值没有超过某一数值以前,该仪表指示值不会变化,但当输入变化值超过某一数值后,该仪表指示值发生变化。这个使指示值发生变化的最小输入变化值称为仪表的分辨率。分辨率显示仪表能够检测到被测量最小变化量的本领。一般模拟式仪表的分辨率规定为最小刻度分格数值的一半,数字式仪表的分辨率规定为最后一位的数字。

10.3.4　测量误差的估计和校正

测量误差中包括系统误差和随机误差。它们的性质不同,对测量结果的影响及处理方法也不同。

1. 随机误差的影响及统计处理

在测量中,当系统误差被尽力消除或减小到可以忽略的程度之后,仍会出现对同一被测量重复进行多次测量时有读数不稳定的现象,这说明有随机误差存在。由随机误差性质可知,它服从统计规律,对测量结果的影响可用均方根误差来表示。

均方根误差(又称标准误差)σ 为

$$\sigma = \sqrt{\dfrac{\sum\limits_{i=1}^{n} \Delta x_i^2}{n}} \qquad (10-6)$$

式中　n——测量次数;

$\Delta x_i = x_i - x_0$, x_0 为真值;x_i 为第 i 次测量值。

2. 系统误差的发现与校正

(1) 系统误差的发现与判别

由于系统误差对测量精度影响比较大,必须消除系统误差的影响,才能有效地提高测量精度,下面介绍的是发现系统误差的常用方法。

① 实验对比法。这种方法是通过改变产生系统误差的条件从而进行不同条件下的测量,以发现系统误差。这种方法适用于发现不变的系统误差。例如,一台测量仪表本身存在固定的系统误差,即使进行多次测量也不能发现,只有用精度更高一级的测量仪表测量,才能发现这台测量仪表的系统误差。

② 剩余误差观察法。剩余误差为某测量值与测量平均值之差,即 $p_i = x_i - \overline{x}$。根据测量数据的各个剩余误差大小和符号的变化规律,可以直接由误差数据或误差曲线图形来判断有无系统误差。这种方法主要适用于发现有规律变化的系统误差。

③ 计算数据比较法。对同一量进行测量得到多组数据,通过计算数据比较,判断是否满足随机误差条件,以发现系统误差。

(2) 系统误差的校正

当存在系统误差时,使用以下几种方法从测量方法和测量数据的处理方面对误差进行修正。

① 补偿法。在电路和传感器结构设计中,常选用在同一有害干扰变量作用下能产生误差相等而符号相反的零部件或元器件作为补偿元件。例如采用负温度系数的热敏电阻补偿正温度系数电阻的温度误差;采用负温度系数的电容补偿正温度系数的电阻引起的时间常数的变化;采用磁分流器补偿磁路气隙中因温度变化引起的磁感应强度的变化等。

② 差动法。相同的参数变换器(如电阻、电容、电感变换器)具有相同的温度系数,若将它们接入电桥相邻的两个臂时,变换器的参数随输入量作差动变化,即一个臂的参数增加,另一个臂的参数则减小,这时的电桥输出是单个参数变换器输出的两倍。但它们在同一温度场的作用下,由于两臂的参数值相等,温度系数相同,则温度变化引起的参数变化值相等,尽管参数变化了,但电桥输出却不受影响。利用差动法,即可提高灵敏度,又能有效地抵消有害因素引起的误差。在检测仪器中,各种参数式变换器几乎都采用差动法接成差动电桥的形式,以降低温度和零位变化引起的误差。

③ 比值补偿法。测量电路中经常采用分压器及放大器,它们的变换系数总是与所用电阻元件的电阻比值有关。为了保证精确的比值,可以要求每一个电阻具有精确的电阻值,然而这并非绝对需要,且代价很高。如果所选用的电阻具有相等的相对误差和相同的电阻温度系数时,温度

变化虽使电阻值变化,但它们仍能保证相互比值的精确性,从而可采用低精度的元件实现比值稳定的高精度分压比或放大倍数。

④ 测量数据的修正。测量传感器和仪器经过检定后可以准确知道它的测量误差。当再次测量时,可以将已知的测量误差作为修正值,对测量数据进行修正,从而获得更精确的测量结果。

10.3.5　实训操作　辨识常见电工仪表精度

准备若干块常见电工仪表,如图 10-5 所示,识别精度标志,并能读出精度等级。

图 10-5　部分常见电工仪表

本章小结

检测系统的作用是信息的提取、转换及处理,是自动控制系统的基础。

测量是将被测量与同性质的标准量通过专门的技术和设备进行比较,获得被测量对比该标准量的倍数,从而在量值上给出被测量的大小和符号。

测量的分类有多种方法,根据测量过程的特点可分为直接测量、间接测量和组合测量;根据测量的精度情况可分为等精度测量与非等精度测量;根据测量仪表特点分为接触测量与非接触测量;根据测量对象的特点可分为静态测量和动态测量。

直接测量是对被测量进行直接测量,从事先标定好的表盘上读出被测量的大小。间接测量是利用被测量与某个中间量之间的关系,先测出中间量,再经过相应的函数关系,计算出被测量的数值。

直接测量方法分为偏差法、零位法和微差法。偏差法是指测量仪表用指针相对于表盘上刻度线的位移来直接指出被测量的大小。该法测量精度一般不高。零位法是指被测量与已知标准量在比较仪器中进行比较,让仪器指零机构指零,从而肯定被测量等于已知标准量。该法测量精度较高。微差法是零位法和偏差法的组合。

精确度(精度)的指标有精密度、准确度、精确度等级。精密度是描述测量仪表指示值不一致程度的量。准确度是描述仪表指示值有规律地偏离真值程度的量。精确度是精密度和准确度的总和,以测量误差的相对值表示。

仪表精度等级是仪表在规定工作条件下，最大允许误差值相对仪表测量范围的百分数。分辨率是指显示仪表能够检测到被测量最小变化的能力。

思考题及习题 ▪▪▪▪▪

1. 测量的定义及其内容是什么？
2. 直接测量和间接测量的定义是什么？
3. 有几种直接测量的方法？它们各自是怎么定义的？
4. 仪表有几个精度指标？它们各自的定义是什么？
5. 什么是仪表的分辨率？

熟悉工程常用的温度、速度、物位和流量测量系统。了解这些系统的组成、设备工作的特点和现场施工的工程标准。

知识目标

- 熟悉温度测量系统的构成和测温方法；
- 熟悉速度测量系统和常用的转速计工作特点；
- 熟悉物位测量系统和常用的液位计、物位计构成和工作特点；
- 了解流量的检测方法；
- 熟悉差压式、容积式、速度式、振动式和电磁式流量计的构成和使用；
- 会选用流量测量仪表。

技能目标

- 能够安装接触式温度计；
- 掌握差压式流量计的安装与使用；
- 掌握容积式流量计的安装与使用；
- 掌握涡轮流量计的安装、使用与维护。

11.1　温度测量系统

11.1.1　热敏电阻测温系统

热敏电阻传感器具有尺寸小、响应速度快、阻值大、灵敏度高等优点，因此它在温度测量系统中也得到广泛应用。

1. 热敏电阻测温

图 11-1 是热敏电阻温度计的原理图。没有外面保护层的热敏电阻只能应用在干燥的地方；密封的热敏电阻不怕湿气的侵蚀，可以使用在较恶劣的

图 11-1　热敏电阻温度计的原理图

环境下。由于热敏电阻的阻值较大，故其连接导线的电阻和接触电阻可以忽略，使用时采用二线制即可。

2. 热敏电阻用于温度补偿

热敏电阻可在一定的温度范围内对某些元件进行温度补偿。在晶体管电路中也常用热敏电阻补偿电路，补偿由于温度引起的漂移误差，如图 11-2 所示。

为了对热敏电阻的温度特性进行线性化补偿,可采用串联或并联一个固定电阻的方式,如图 11-3 所示。

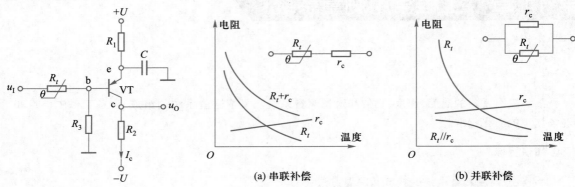

图 11-2   温度补偿电路   图 11-3   线性化补偿电路

3. 热敏电阻用于温度控制

空调、干燥器、热水取暖器和电烘箱箱体温度检测等都用到热敏电阻。其中,继电保护和温度上下限报警就是最典型的应用。

（1）继电保护

将突变型热敏电阻埋设在被测物中,并与继电器串联,给电路加上恒定电压。当周围介质温度升到某一定数值时,电路中的电流可以由十分之几毫安突变为几十毫安,因此继电器动作,从而实现温度控制或过热保护。用热敏电阻作为对电动机过热保护的热继电器,如图 11-4 所示,把三只特性相同的热敏电阻放在电动机绕组中,紧靠绕组处每相各放一只,滴上万能胶固定。经测试其阻值在 20 ℃时为 10 kΩ,100 ℃时为 1 kΩ,110 ℃时为 0.6 kΩ。当电动机正常运行时温度较低,晶体管 VT 截止,继电器 K 不动作;当电动机过负荷或断相或一相接地时,电动机温度迅速升高,使热敏电阻阻值急剧减小,到一定值后,VT 导通,继电器 K 吸合,使电动机工作回路断开,实现保护作用。根据电动机各种绝缘等级的允许升温值来调节偏流电阻 R_2 值,从而确定晶体管 VT 的动作点。

（2）温度上下限报警

如图 11-5 所示,此电路中采用运算放大器构成迟滞电压比较器,晶体管 VT_1 和 VT_2 根据运放输入状态导通或截止。R_t,R_1,R_2,R_3 构成一个输入电桥,则

$$U_{ab} = 12\left(\frac{R_1}{R_1+R_t} - \frac{R_3}{R_3+R_2}\right) \tag{11-1}$$

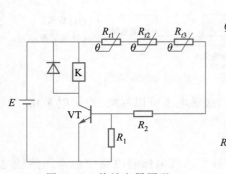

图 11-4   热继电器原理

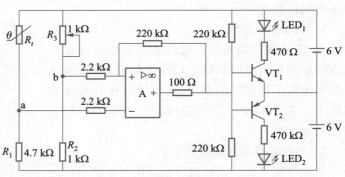

图 11-5   温度上下限报警电路

当温度升高时，R_t 减少，此时 $U_{ab}>0$，即 $V_a>V_b$，VT_1 导通，LED_1 发光报警；当温度下降时，R_t 增加，此时 $U_{ab}<0$，即 $V_a<V_b$，VT_2 导通，LED_2 发光报警；当温度等于设定值时，$U_{ab}=0$，即 $V_a=V_b$，VT_1 和 VT_2 都截止，LED_1 和 LED_2 都不发光。

11.1.2　热电偶测温系统

1. 测量两点之间温差

用热电偶测量两点之间温差线路如图 11-6 所示。用两只同型号的热电偶，配用相同的补偿导线，采用反向连接方式，仪表测得两点温度之差为

$$E_t = E_{AB}(T_1) - E_{AB}(T_2) \tag{11-2}$$

2. 测量平均温度

测量平均温度的方法通常用几只相同型号的热电偶并联在一起，如图 11-7 所示。要求三只热电偶都工作在线性段，在测量仪表中的指示为三只热电偶输出电动势的平均值。在每只热电偶线路中，分别串接均衡电阻 R，与每一只热电偶的内阻相比，R 的阻值必须很大。串接 R 的作用是为了在 T_1、T_2 和 T_3 不相等时，使每一只热电偶线路中流过的电流免受该热电偶内阻不相等的影响。使用热电偶并联的方法测量多点平均温度，其好处是仪表的分度仍旧和单独配用一个热电偶时一样，缺点是当有一只热电偶烧断时，不能够很快地觉察出来。图 11-7 所示的输出电势为

$$E_t = \frac{E_1+E_2+E_3}{3} \tag{11-3}$$

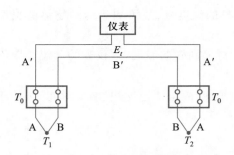

图 11-6　测量两点之间温差的测温线路

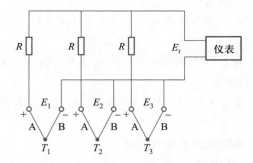

图 11-7　测量平均温度的测温线路

3. 测量几点温度之和

利用同类型的热电偶串联，可以测量几个点温度之和或几个点的平均温度。

图 11-8 是几个热电偶的串联线路图，这种线路可以避免并联线路的缺点。当有一只热电偶烧断时，总的热电势消失，可以立即知道有热电偶烧断。同时由于总热电势为各热电偶热电势之和，故可以测量微小的温度变化。图 11-8 中，回路的总热电势为

$$E_t = E_1 + E_2 + E_3 \tag{11-4}$$

4. 若干只热电偶共用一台仪表的测温线路

在多点温度测量时，为了节省显示仪表，将若干只热电偶通过模拟式切换开关共用一台测量仪表，常用的测量线路如图 11-9 所示。条件是各只热电偶的型号相同，测量范围均在显示仪表的量程内。常用的切换开关有密封微型精密继电器和电子模拟式开关。

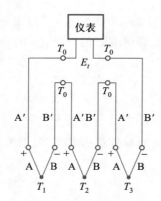
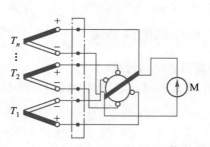

图 11-8　测量几个点温度之和的测温线路　　图 11-9　若干只热电偶共用一台仪表的测量线路

上述几种测温线路中与热电偶配用的测量仪表可以是模拟仪表或数字电压表,若要组成微机控制的自动测温或控温系统,可直接将数字电压表的测温数据利用接口电路和测控软件连接到微机中,对检测温度进行计算和控制。

11.1.3　辐射式测温系统

辐射式测温系统中所用的传感器是一种非接触式测温传感器,它是利用物体的辐射能随温度变化的原理制成的。应用辐射式温度传感器检测温度时,只需把传感器对准被测物体,而不必与被测物体直接接触。它可以用于检测运动物体的温度和小的被测对象的温度,与接触式测温法相比,它具有如下特点:

① 传感器与被测对象不接触,不会破坏被测对象的温度场,故可测量运动物体的温度并可进行遥测。

② 由于传感器或热辐射探测器不必达到与被测对象同样的温度,故仪表的测温上限不受传感器材料熔点的限制。

③ 在检测过程中传感器不必和被测对象达到热平衡,故检测速度快、响应时间短,适于快速测温。

1. 辐射测温的物理基础

（1）热辐射

物体受热,激励了原子中带电粒子,使一部分热能以电磁波的形式向空间传播,它不需要任何物质作为媒介(即在真空条件下也能传播)将热能传递给对方,这种能量的传播方式称为热辐射(简称辐射),传播的能量称为辐射能。辐射能的大小与波长、温度有关,它们的关系被一系列辐射基本定律所描述,而辐射温度传感器就是利用这些基本定律作为工作原理而实现辐射测温的。

（2）黑体

黑体是指能对落在它上面的辐射能全部吸收的物体。

（3）辐射基本定律

① 普朗克定律。它揭示了在各种不同温度下黑体辐射能按波长分布的规律,如下式

$$E_0(\lambda, T) = \frac{c_1}{\lambda^5 (e^{\frac{c_2}{\lambda T}} - 1)} \tag{11-5}$$

式中　$E_0(\lambda, T)$ ——黑体的单色辐射强度,定义为单位时间内,每单位面积上辐射出在波长 λ 附

近单位波长的能量，$W/(cm^2 \cdot \mu m)$；

T——黑体的绝对温度（K）；

c_1——第一辐射常数，$c_1 = 3.74 \times 10^{-6} \ W \cdot m$；

c_2——第二辐射常数，$c_2 = 1.44 \times 10^{-2} \ K \cdot m$；

λ——波长（μm）。

② 斯忒藩-玻耳兹曼定律。它确定了黑体全辐射能与温度的关系，即

$$E = \sigma T^4 \tag{11-6}$$

式中　σ——斯忒藩-玻耳兹曼常数，$\sigma = 5.67 \times 10^{-8} \ W/(m \cdot K^4)$。

此式表明，黑体的全辐射能与它的绝对温度的四次方成正比，所以这一定律又称为四次方定律。工程上常见的材料称之为灰体，一般都遵循这一定律。

黑度，把灰体全辐射能 E 与同一温度下黑体全辐射能 E_0 相比较称为黑度，表达式为

$$\varepsilon = \frac{E}{E_0} \tag{11-7}$$

式中　ε——黑度，它反映了物体接近黑体的程度。

2. 辐射测温方法

（1）亮度法

亮度法是指被测对象投射到检测元件上的被限制在某一特定波长的光谱辐射能量，而能量大小与被测对象温度之间的关系是由普朗克公式所描述的辐射测温方法得到，即比较被测物体与参考源在同一波长下的光谱亮度，并使二者的亮度相等，从而确定被测物体的温度。典型测温传感器是光学高温计。

（2）全辐射法

全辐射法是指被测对象投射到检测元件上的对应全波长范围的辐射能量，而能量的大小与被测对象温度之间的关系是由斯忒藩-玻耳兹曼所描述的辐射测温方法得到。典型测温传感器是辐射温度计（热电堆）。

（3）比色法

被测对象的两个不同波长的光谱辐射能同时投射到一个检测或两个检测元件上，根据它们的比值与被测对象温度之间的关系实现辐射测温的方法，比值与温度之间的关系由两个不同波长下普朗克公式之比表示，典型测温传感器是比色温度计。

3. 辐射测温应用实例

（1）光学高温计

光学高温计主要由光学系统和电测系统两部分组成，WGG2-201 型光学高温计外观如图 11-10 所示，结构如图 11-11 所示，工作原理如图 11-12 所示。

图 11-12 上半部为光学系统，物镜和目镜都可沿轴向移动、调节目镜的位置可清晰地看到温度灯泡的灯丝；调节物镜的位置能使被测物体清晰地成像在灯丝平面上，以便比较二者的亮度；在目镜与观察孔之间置有红色滤光片，测量时移入视场，使所利用光谱有效波长 λ 约为 $0.66 \ \mu m$，以保证满足单色测温条件。图 11-12 下半部为电测系统，温度灯泡、滑线电阻、按钮开关 S 和电源 E 相串联；毫伏表用来测量不同亮度时灯丝两端的电压降，但指示值则以温度刻度表示；调整滑线电阻可以调整流过灯丝的电流，也就调整了灯丝的亮度。一定的电流对应灯丝一定的亮度，因而也就对应一定的温度。

(a) 指针式　　　　　　　　　　(b) 数字式

图 11-10　WGG2-201 型光学高温计外观

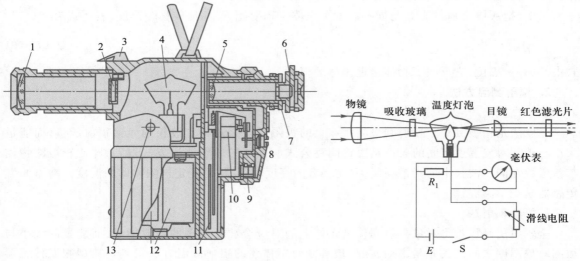

图 11-11　WGG2-201 型光学高温计结构图

1—物镜；2—吸收玻璃；3—旋钮；4—温度灯泡；5—目镜；6—红色
滤光片；7—目镜定位螺母；8—零位调节器；9—滑线电阻；
10—测温仪表；11—刻度盘；12—干电池；13—按钮开关

图 11-12　WGG2-201 型光学高温计工作原理

测量时，在辐射热源（被测物体）的发光背景上可以看到弧形灯丝。假如灯丝亮度比辐射热源亮度低，灯丝就在这个背景上显现出暗的弧线，如图 11-13（a）所示；反之如灯丝的亮度高，则灯丝就在暗的背景上显示出亮的弧线，如图 11-13（b）所示；假如两者的亮度一样，则灯丝就隐灭在热源的发光背景里，如图 11-13（c）所示。这时由毫伏表读出的指示值就是被测物体的亮度温度。

（2）辐射温度计

辐射温度计的工作原理是基于四次方定律。图 11-14 为辐射温度计的工作原理。被测物体的辐射线由物镜聚焦在受热板上。受热板是一种人造黑体，通常为涂黑的铂片，当吸收辐射能以后温度升高，由连接在受热板上的热电偶或热电阻测定。通常被测物体是 $\varepsilon < 1$ 的灰体，如果以黑体辐射作为基准进行标定刻度，那么知道了被测物体的 ε 值，即可根据式（11-6）、式（11-7）求得被测物体的温度，可得

$$\varepsilon \sigma T^4 = \sigma T_0^4 \tag{11-8}$$

$$T = \frac{T_0}{\sqrt[4]{\varepsilon}} \tag{11-9}$$

式中　T——被测物体温度；

　　　T_0——传感器测得的温度。

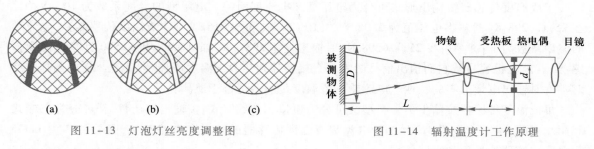

图 11-13　灯泡灯丝亮度调整图　　　　　图 11-14　辐射温度计工作原理

（3）比色温度计

图 11-15 为单通道比色温度计原理图,被测对象的辐射能通过透镜组,成像于硅光电池的平面上。当同步电机以 3 000 r/min 的速度旋转时,调制器上的滤光片以 200 Hz 的频率交替使辐射通过,当一种滤光片透光时,硅光电池接收的为 $E_{\lambda_1 T}$;而当另一种滤光片透光时,则接收的为 $E_{\lambda_2 T}$。因此从硅光电池输出的电压信号为 U_{λ_1} 和 U_{λ_2},将两电压等比例衰减,设衰减率为 K,利用基准电压和参比放大器保持 $K \cdot U_{\lambda_2}$ 为一常数 R,则

$$\frac{U_{\lambda_1}}{U_{\lambda_2}} = K \frac{U_{\lambda_1}}{R} \qquad (11-10)$$

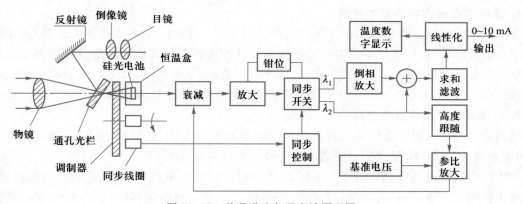

图 11-15　单通道比色温度计原理图

$$KU_{\lambda_1} = R \frac{U_{\lambda_1}}{U_{\lambda_2}} \qquad (11-11)$$

测量 KU_{λ_1} 即可代替 $U_{\lambda_1}/U_{\lambda_2}$,该测量数据经放大后输出对应的信号为 0 ~ 10 mA,测温范围为 900 ~ 2 000 ℃,误差在测量上限的 ±1% 之内。

11.1.4　集成温度传感器

集成温度传感器是近几年来迅速发展起来的一种新型半导体器件,它与传统的温度传感器相比具有测温精度高、重复性好、线性优良、体积小巧、热容量小、使用方便等优点,具有明显的实用优势。

集成温度传感器是在一块极小的半导体芯片上集成了热敏元件、信号放大电路、温度补偿电

路、基准电源电路等单元。它使传感器与集成电路融为一体,提高了传感器的性能,是实现传感器智能化、微型化、多功能化,提高检测灵敏度,实现大规模生产的重要保证。

集成温度传感器按输出形式可分为电压型和电流型两种。电压型的温度系数为 10 mV/℃,在 25 ℃(298 K)时输出电压值为 2.98 V(如 UPC616A 和 SL616ET 型集成温度传感器)。电流型的温度系为 1 μA/℃,在 25 ℃(298 K)时输出电流 298 μA(如 AD590 和 SL590 型集成温度传感器)。因此很容易从它们输出信号的大小直接换算到热力学温度值,非常直观。它们还具有绝对零度时输出电量为零的特性。电流输出型温度传感器适合于遥测。

集成温度传感器按输出信号类型又可分为模拟式和数字式;按输出端个数,又可分为三端式和两端式两大类。图 11-16 为 AD590 型集成温度传感器的外形和电路符号,图 11-17 为 LM35 型温度传感器的外形和电路符号。

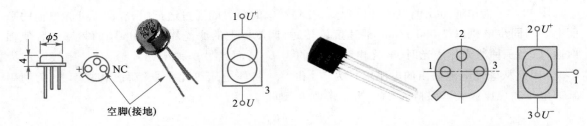

图 11-16　AD590 型集成温度传感器的外形和电路符号　图 11-17　LM35 型集成温度传感器的外形和电路符号

1. 集成温度传感器的基本性能

集成温度传感器是将热敏元件及其他电路集成在同一芯片上的集成化温度传感器,使用时只需很少的外围元器件,即可制成温度检测仪表。这种传感器最大的优点是直接给出正比于绝对温度的理想的线性输出,且体积小、响应快、测量精度高、复现性好、稳定性好、校准方便、成本低廉,缺点是测温范围仅为-80 ~ +150 ℃,广泛用于温度检测、控制、补偿等场合。

2. 电流输出型集成温度传感器

电流输出型集成温度传感器的特点是输出电流只随温度变化,准确度高,一般以 0 K 为零点,温度系数为 1 μA/K,适合于远距离测量。典型的器件有 AD590。

AD590 型集成温度传感器的工作电压宽(5 ~ 30 V),输出电流与温度成正比,线性度极好。温度适用范围为-55 ~ +150 ℃,灵敏度为 1 μA/K。它是一种两端器件(第三端可以空置或接地),使用非常方便。AD590 具有良好的线性和互换性,且抗干扰能力强,动态电阻大,响应速度快,测量精度高,并具有消除电源波动的特性,输出电流的变化小于 1 μA,所以它广泛用于高精度温度计计量等方面。

AD590 可以等效为一个高阻抗的恒流源,其输出阻抗大于 10 MΩ,能大大减小因电源电压变动产生的测量误差。AD590 以热力学温度 K 定标,输出电流是以绝对零度(-273 ℃)为基准,每增加 1 ℃,它会增加 1 μA 输出电流,在室温 25 ℃时,其输出电流 $I_{out} = (273+12)\,\mu A = 298\,\mu A$。

3. 电压输出型集成温度传感器

电压输出型集成温度传感器的特点是输出电压只随温度变化,输出阻抗低,易于和控制电路接口,可直接用于温度监测,一般以 0 ℃为零点,温度系数为 10 mV/℃,典型的器件有 LM35。

LM35 型集成温度传感器是美国半导体公司(NSC)生产的电压输出型单片集成温度传感器。其输出电压与摄氏温标呈线性关系,0 ℃时输出为 0 V,每升高 1 ℃,输出电压增加 10 mV。LM35

有多种不同的封装形式,其供电模式有单电源与双电源两种,正负双电源的供电模式可提供负温度的测量。单电源模式在25 ℃下静止电流约为50 μA,工作电压较宽,可在4~20 V的供电电压范围内正常工作,非常省电。

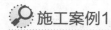 施工案例1

接触式温度计的安装

热电偶温度计和热电阻温度计可称为接触式温度计。接触式温度计的安装包括测温元件(热电偶或热电阻)、电缆、电线和补偿导线的安装。

1. 热电偶或热电阻在管道(设备)上的安装

由于被测对象、环境条件和测量要求不同,热电偶和热电阻安装方法及采取的措施也不同,但原则上可以从测温的准确性、安全可靠和维修方便三个方面来考虑。

(1) 安装测温元件应确保测温的准确性

① 正确选择测温点。测温点应具有代表性,不应把感温元件插到被测介质的死角区域;应避开强电磁场干扰源,避不开时,应采取抗干扰措施。

② 合理确定测温元件的插入深度。如图11-18所示,插入深度是指测温元件的感温端部至外螺纹连接头的长度L_1。插入深度应不小于测温元件保护管外径的10倍,如果保护管的外露部分L_2保温很好,其插入深度可以取外径的6倍。对于热电阻,插入深度应视其型号而定。有足够的插入深度L_1及外露部分良好的保温,可以大大减少测温元件本身导热产生的测温误差。

③ 在管道上安装热电偶或热电阻时,测温元件应与被测介质形成递流(至少应与被测介质流束方向成90°),切勿顺着被测介质的流动方向安装。无论测量何种介质,测温元件应放置于管道中介质流速最大区域内,该区域为管道直径1/3的中心区域。热电阻安装时,其保护管的末端应越过流速的中心线50~60 mm,这样可以减少测温误差,如图11-19所示。

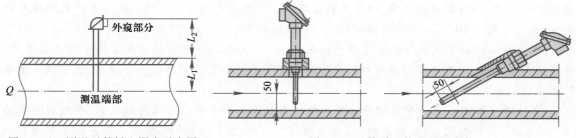

图11-18 测温元件插入深度示意图   图11-19 管道上热电阻的安装

④ 为了避免液体、尘埃渗入热电偶或热电阻接线盒内,应将其接线盒朝上,出线孔螺栓朝下,尤其是在雨水溅洒的场合应特别注意。

⑤ 避免热辐射所产生的测温误差。在高温测量时,应尽量减小被测介质与管道(或设备)壁表面之间的温差。对器壁暴露于空气的场合,应在其表面加保温层,以提高器壁温度,减少介质与器壁之间热辐射的热量损失。必要时,可在测温元件与器壁之间加防辐射罩,以消除测温元件与器壁之间的直接热辐射作用,防辐射罩最好是用耐高温和反光性强的材料做成。

⑥ 测温元件安装于负压管道或设备(如烟道)中时,应保证其密封性,以免外界冷空气袭入

而降低测温指示值,也可用绝缘物质堵塞空隙。

⑦ 用热电偶测量炉膛温度时,应避免热电偶与火焰直接接触,否则会使测量值偏高。热电偶的冷端温度也不能过高。

（2）测温元件的安装应确保安全、可靠

为避免测温元件损坏,应保证其有足够的机械强度;为保护感温元件不受磨损应加保护屏或保护管等。为确保安全、可靠,测温元件的安装方法应视具体情况(如待测介质的温度、压力、测温元件的长度及其安装位置、形式等)而定。下面仅举几例以引起注意:

① 安装承受压力的测温元件,必须保证其密封性。

② 高温下工作的热电偶,为防止保护管在高温下产生变形,一般应垂直安装,若必须水平安装则不宜过长,并用支架保护热电偶,如图 11-20 所示。

③ 若测温元件安装于介质流速较大的管道中,则其应倾斜安装。为防止测温元件受到过大的冲蚀,最好安装在管道的弯曲处。

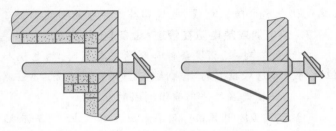

图 11-20　防止保护管弯曲的方法

④ 当介质压力超过 10 MPa 时,必须在测温元件上加保护外套。

（3）测温元件的安装应便于仪表工作人员的维修和校验

测温元件的安装部位应考虑其拆装、维修、校验的足够空间和场地,特别是具有较长保护套管的测温元件应能方便地拆装。对于在高空的测温点,须装有平台和梯子等。

2. 连接导线与补偿导线的安装

在工业生产中,热电偶与热电阻是应用最多的感温元件,它们与显示仪表的连接导线与补偿导线在导线穿管安装中有如下的要求:

① 连接导线与补偿导线必须防止机械损伤,并应尽量避免高温、潮湿、腐蚀性及爆炸性气体与灰尘的作用,不准敷设在炉壁、烟道及热管道上。导线周围的最高允许温度与导线的绝缘材料有关,橡胶绝缘:+70 ℃;纸绝缘:+80 ℃;石棉绝缘:+125 ℃。

② 为防止连接导线和补偿导线受到机械损伤,削弱外界电磁场对电子式显示仪表的干扰,导线应加以屏蔽,可把连接导线或补偿导线穿入钢管内。钢管最好只有一个接地点,以避免地电位干扰的引入。

③ 一般可采用普通的焊接钢管作为导线的保护管。钢管必须经过防锈处理,管壁厚度不应小于 1 mm。装于潮湿、腐蚀场合时,应采用壁厚不小于 2.5 mm 的钢管。管径应根据管内导线(包括绝缘层)的总面积决定,一般后者不应超过管子截面积的 2/3。

④ 当确定保护钢管内导线的芯数时,必须考虑备用导线的数量。

⑤ 导线保护管的连接,一般宜采用丝扣连接,不准使用对焊方法连接管子,因为焊接时管内总难免要流入溶化的铁水。同时在穿线前应把管内的铁锈、砂子及碎末等清除干净,管口毛刺必须锉掉,以免导线穿管时绝缘层被破坏。管子内、外都应该刷油,通常刷沥青。但是埋设在楼板、墙壁及混凝土内的管子,管子外壁可以不刷漆。如果管内已镀锌,则内壁也无须刷漆。

⑥ 在向管内穿配导线前,应详细检查导线的绝缘或外层保护皮有无破损。在管内导线不得有接头,如需中间连接要加装接线盒。补偿导线不应有中间接头,若必须有接头时,应用气焊的

方法连接,焊条应使用同极性的补偿导线。

⑦ 在穿线时,管内及导线上都必须撒上滑石粉,而当穿铅皮电缆时,则应抹上干黄油。导线在管内不得拉得过紧,穿线工作必须按顺序进行。同一管内的导线,不论多少根,必须一次穿入。

⑧ 在穿补偿导线前,一定要在试验室里试验,并标注补偿导线的型号、极性、安装号等,以免弄错。补偿导线在引向仪表或热电偶时,也应注意不要把极性接错。

⑨ 补偿导线最好与其他导线分别敷设,尤其必须注意不得与强电电线并排敷设。在有爆炸危险的场合,管子必须用管卡子固定在角钢支架上,并妥善接地。

⑩ 配线与穿线工作结束后,必须进行校线与绝缘试验。管内各导线之间,以及每根芯线与地之间都应进行绝缘试验。在进行绝缘试验时,导线必须与仪表断开。

11.2　速度测量系统

11.2.1　光电式转速计

由光电管构成的光电式转速计分反射型和直射型两种光电式转速计的外观如图 11-21 所示。

图 11-21　光电式转速计外观图

1. 反射型光电式转速计

工作原理如图 11-22 所示。将被测轴的圆周表面沿轴线方向按均匀间隔做成一段黑白相间的反射面和吸收面充当"光栅",传感器对准此反射面和吸收面;光源发射的光线经过透镜成为平行光,照射在半透明膜片上,部分光线透过膜片,部分光线被反射,经透镜聚焦成一点,照射在被测轴黑白相间的"光栅"上。当轴转动时,白色反射面将光线反射,黑色吸收面不反射。反射光再经透镜照射在半透明膜片上,透过半透明膜片并经聚焦透镜聚焦后,照射在光电管的阴极上,使阳极产生光电流。由于"光栅"黑白相间,转动时将获得与转速及黑白间隔数有关的光脉冲,使光电管产生相应的电脉冲。当间隔数一定时,该电脉冲与转速成正比,将其送至数字测量电路,即可计数和显示转速。

2. 直射型光电式转速计

工作原理如图 11-23 所示。带孔的圆盘装在被测轴上随轴转动。圆盘的一边设置光源,另一边设置光电管。当光线通过小孔时,光电管产生一个电脉冲。转轴连续转动,光电管就输出一列与转速及圆盘上孔数成正比的电脉冲数。在孔数一定时,该列电脉冲数就和转速成正比。电脉冲经测量电路放大和整形后再送入频率计计数和显示。经换算或标定后,可直接读出被测转轴的转速。

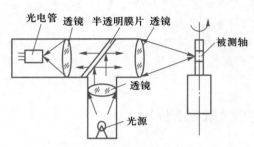

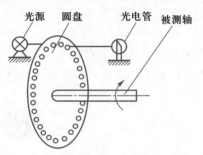

图 11-22   反射型光电式转速计工作原理   图 11-23   直射型光电式转速计工作原理

11.2.2   电磁脉冲式转速计

电磁脉冲式转速计是一种数字式仪表。由被测旋转体带动磁性体产生计数电脉冲,根据计数脉冲的个数得知被测转速,其外观如图 11-24 所示。

图 11-24   电磁脉冲式转速计外观图

电磁脉冲式转速计的结构如图 11-25 所示。图 11-25(a)为旋转磁铁型,它是将 N 条磁铁均匀分布在转轴上。在测量时,将传感器的转轴与被测物转轴相连,因而被测物就带动传感器转子转动。当转轴旋转时,每转一圈将在线圈输出端产生 N 个脉冲,用计数器测出规定时间内的脉冲数便可求得转速值。若该转速传感器的输出量是以感应电动势的频率来表示的,则其频率 f 与转速 n 间的关系式为

$$f = \frac{1}{60} N n \tag{11-12}$$

式中 n——被测物转速,r/min;

N——定子或转子端面的齿数。

图 11-25(b)为磁阻变化型,它是在旋转测量轴上配置 N 个凸型磁导体,由于磁路磁阻的变化,使测量线圈上就有相应的脉冲输出。图 11-25(c)为磁性齿轮型,它是在旋转测量轴上安装一个磁性齿轮,由于磁路磁势的变化,使测量线圈上有相应的脉冲输出。两种结构均配置由铁心和检测线圈构成的测量头。

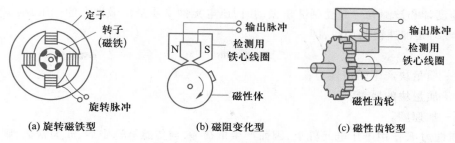

(a) 旋转磁铁型　　　　(b) 磁阻变化型　　　　(c) 磁性齿轮型

图 11-25　电磁脉冲式转速计

11.2.3　应变片式加速度计

应变片式加速度计的结构如图 11-26 所示。它由应变片、质量块、等强度悬臂梁和基座组成。悬臂梁一端固定在传感器的基座上,梁的自由端固定质量块 m,在梁的根部附近粘贴 4 个性能相同的应变片,上下表面在对称的位置上各贴两个,同时把应变片接成差分全桥,将获得最佳测量性能。

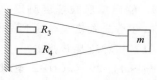

测量时,基座固定在被测对象上。当被测对象以加速度 a 运动时,质量块受到一个与加速度方向相同的惯性力而使弹性梁变形,其中两个应变片感受拉伸应变、电阻增大,另外两个应变片感受压缩应变、电阻减小。通过四臂感受电桥将电阻变化转换为电压的变化,且电桥输出电压与加速度呈线性关系,从而通过检测电桥输出电压,实现对惯性力的测量,即实现对加速度

图 11-26　应变片式加速度
传感器示意图

的测量。这种应变片式加速度计结构简单、设计灵活,可用于测量常值低频加速度,不宜用于测量高频以及冲击、随机振动等。

11.2.4　压电式加速度计

图 11-27 是一种压电式加速度计的外观图。图 11-28 是一种压电式加速度计的结构图。它主要由压电元件、质量块、预压弹簧、基座及外壳等组成。整个部件装在外壳内,并用螺栓加以固定。

图 11-27　压电式加速度计外观图

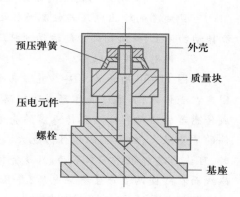

图 11-28　压电式加速度计结构图

当加速度计和被测物一起受到冲击振动时,压电元件受质量块惯性力的作用,根据牛顿第二定律,此惯性力是加速度的函数,即

$$F = ma \qquad (11-13)$$

式中　F——质量块产生的惯性力;

　　　m——质量块的质量;

　　　a——加速度。

此时惯性力 F 作用于压电元件上,因而产生电荷 Q,当传感器选定后,m 为常数,则传感器输出电荷为

$$Q = d_{11}F = d_{11}ma \qquad (11-14)$$

式中　d_{11}——纵向压电系数($C \cdot N^{-1}$),典型值为 2.31。

Q 与加速度 a 成正比,因此,测得加速度传感器输出的电荷便可知加速度的大小。

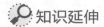 **知识延伸**

磁电感应式速度测量和测速发电机

1. 磁电感应式速度测量

磁电感应式速度传感器分为相对速度传感器和绝对速度传感器两种。

(1) 相对速度传感器

如图 11-29 为 CD-2 型磁电感应式相对速度传感器的结构示意图。磁钢通过壳体构成磁回路,线圈置于磁回路的缝隙中,当被测物体的振动通过顶杆使线圈运动时,因切割磁感线,而在线圈的两端产生感应电压,其值可由下式求得

$$e = NBlv \qquad (11-15)$$

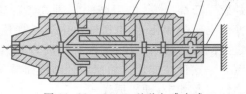

图 11-29　CD-2 型磁电感应式
速度传感器结构

式中　e——线圈的感应电势;

　　　N——线圈的匝数;

　　　B——磁场的磁感应强度;

　　　l——单匝线圈的有效长度;

　　　v——线圈与磁场的相对运动速度。

可见线圈的输出电压与被测物体之间的相对运动速度成正比。如将传感器的外壳固定在被测振动物体上,将活动部分的运动顶杆压在被测物上,这时可测出两个构件之间的相对运动速度。

(2) 绝对速度传感器

如图 11-30 所示为 CD-1 型磁电感应式绝对速度传感器的结构示意图。图中磁钢借助铝架固定在壳体内,并通过壳体形成磁回路;线圈和阻尼环装在芯杆上,芯杆用弹簧支承在壳体内,构成传感器的活动部分。当传感器的壳体与振动物体一起振动时,如振动的频率较高,由于芯杆组件的质量很大,故产生的惯性力也大,可以阻止芯杆随壳体一起运动。当振动频率高到一定程度时,可认为芯杆组件基本不动,只是壳体随被测物体振动。这时,线圈以物体的振动速度切割磁感线而在线圈两端产生感应电压,并且线圈的输出电压与线圈相对壳体的运动速度成正比,线圈与壳体的相对速度,就是被测振动物体的绝对速度。

2. 测速发电机

测速发电机是一种专门测速的微型电机,电机的输出电压在励磁一定的条件下,其值与转速成正比。若将被测旋转体的转轴与发电机转轴相连接,即可测得转速。测速发电机分为直流型和交流型两种,其外观如图 11-31 所示。

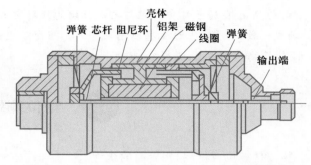

图 11-30 CD-1 型磁电感应式绝对速度传感器结构

（1）直流测速发电机

直流测速发电机是利用在恒定磁场中,转动的电枢绕组切割磁通,而产生感应电动势,并经电刷引出输出电压,其原理如图 11-32 所示。输出电压的极性反映旋转方向,其输出电压值 u 为

图 11-31 测速发电机外观图

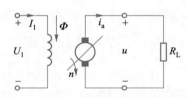

图 11-32 直流测速发电机原理图

$$u = \frac{nC_e\Phi}{1+\dfrac{r_0}{R_L}} \qquad (11-16)$$

式中 C_e——常数,由电动机结构决定;

       Φ——恒定励磁电压 U_1 产生的磁通;

       r_0——电枢回路的总电阻;

       R_L——负载电阻;

       n——被测转速。

（2）交流测速发电机

交流测速电机是由交流电压 u_1 励磁的,绕组 W_1 加励磁电压,绕组 W_2 为测量绕组,输出感应电动势。交流测速电机有同步式和异步式两类,如图 11-33 所示为空心杯转子异步测速发电机原理图,它的转子是一个薄壁非磁性杯,杯的内外由内定子和外定子构成磁路。内、外定子上嵌有在空间相差 90° 的两个绕组,即励磁绕组 W_1 和测量绕组 W_2。

当转子随被测旋转体以转速 n 转动时,转子切割由 u_1 产生交变磁通 Φ_1,因此在空心杯中产生切割电势 e_1,它的大小与转速 n 成正比,其值为

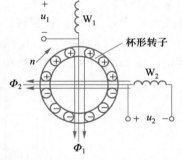

图 11-33 空心杯转子异步测速发电机原理图

$$e_1 = C_1 n\Phi_1 \qquad (11-17)$$

式中 C_1——常数;

       Φ_1——交变直轴磁通。

电动势 e_1 在转子杯中产生与之成正比的短路交流电流 i_1，并建立交流磁通 $\varPhi_2$，$\varPhi_2$ 的方向与 W_2 轴线一致，在 W_2 上产生感应电动势 e_2。当励磁电压 u_1 的幅值、频率一定时，W_2 上的输出电压 u_2 就正比于转速 n，测得 u_2 就可得知转速 n。

11.3 物位测量系统

物位是液位、料位和相界面的统称。

液位是指开口容器或密封容器中液体介质液面的高低；料位是指固体粉状或颗粒物在容器中堆积的高度；相界面是指两种液体介质的分界面。用来对物位进行测量的传感器称为物位传感器，由此制成的仪表称为物位计。测量液位、料位、相界面的仪表分别称为液位计、料位计和界面计。

物位的检测方法很多，如直读法、浮力法、静压法、电容法、核辐射法、超声波法以及激光法、微波法等。本节只介绍浮力式、静压式、电容式和超声波式物位计的结构、原理及应用。

11.3.1   浮力式液位计

浮力式物位检测的基本原理是通过测量漂浮于被测液面上的浮子（也称浮标）随波面变化而产生的位移来检测液位，一般称为恒浮力式检测。

恒浮力式物位检测原理如图 11-34 所示，将液面上的浮子用绳索连接并悬挂在滑轮上，绳索的另一端挂有平衡重锤，利用浮子所受重力和浮力之差与平衡重锤 g 的重力相平衡，使浮子漂浮在液面上。其平衡关系为

$$W-F=G \qquad (11-18)$$

式中 W——浮子的重力；

　　　 F——浮力；

　　　 G——重锤的重力。

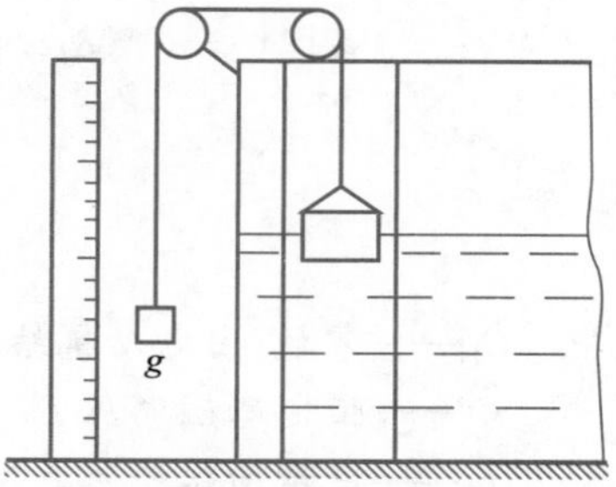

图 11-34   恒浮力式物位
测量原理图

根据浮力平衡原理，浮子停留在任何高度的液面上时 F 值不变，故称此法亦称为恒浮力法。该方法的实质是通过浮子把液位的变化转换成机械位移（线位移或角位移）。使用转换器可以把机械位移转换为电信号或气信号。

图 11-35(a)所示为在密闭容器中设置一个测量液位的通道，通过绳索带动指针指示液位的变化。图 11-35(b)所示的液位计适用于高温、黏度大的液体测量。

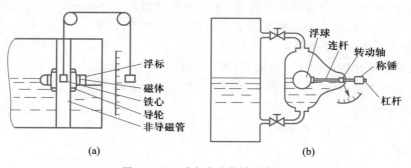

(a)   (b)

图 11-35   浮力式液位计示意图

11.3.2　静压式物位测量

静压式物位检测方法是根据液柱静压与液柱高度成正比的原理来实现的,其原理如图 11-36 所示。根据流体静力学原理可得 A、B 两点之间的压力差 Δp 为

$$\Delta p = p_B - p_A = H\rho g \tag{11-19}$$

式中　p_A——容器中 A 点的静压;

　　　p_B——容器中 B 点的静压;

　　　H——液柱的高度;

　　　ρ——液体的密度;

　　　g——重力加速度。

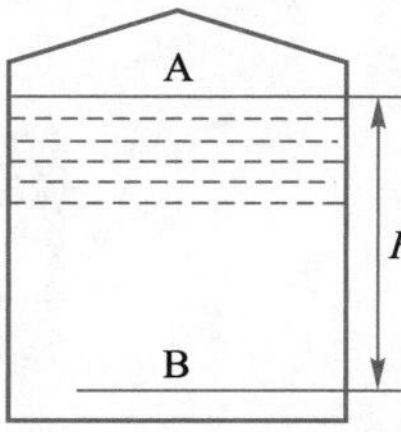

当被测对象为敞口容器时,则 p_A 为大气压,上式变为

$$p = p_B - p_A = H\rho g \tag{11-20}$$

式中　p——B 点的表压力。

由式(11-19)和式(11-20)可知,在测量过程中,如果液体密度 ρ 为常数,则在密闭容器中 A、B 两点的压差与液面高度 H 成正比。而在敞口容器中则 p 与 H 成正比,也就是说测出 p 和 Δp 就可以知道敞口容器或密闭容器中的液位高度。因此凡是能够测量压力或压差的仪表,只要量程合适,皆可测量液位。

图 11-36　静压式物位
检测原理图

11.3.3　电容式液位计

电容式液位计可以连续测量水池、水塔、水井和江河湖海的水位以及各种导电液体如酒、醋、酱油等的液位。图 11-37 为电容式液位计探头结构图,当其浸入水后或其他被测导电液体时,导线芯以绝缘层为介质与周围的水或其他导电液体形成圆柱形电容器。其电容量为

$$C_x = \frac{2\pi\varepsilon h_x}{\ln(d_2/d_1)} \tag{11-21}$$

式中　ε——导线芯绝缘层的介电常数;

　　　h_x——被测水位高度;

　d_1、d_2——导线芯直径和绝缘层外径。

被测电容 C_x 与被测液位高度呈线性关系,配置适当的测量电路,可以得到正比于液位 h_x 的电压信号。

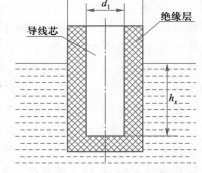

图 11-37　电容式液位
计探头结构图

11.3.4　超声式物位计

在超声波检测技术中主要是利用超声波的反射、折射、衰减等物理性质。超声仪器是把超声波发射出去,然后再把超声波接收回来,变换成电信号,完成这一部分工作的装置就是超声传感器,它是超声物位计的核心器件。通常我们把发射部分和接收部分均称为超声换能器或超声探头,超声换能器根据工作原理分为压电式、磁滞伸缩式和电磁式等多种;根据结构可分为直探头式、斜探头式和双探头式等多种。超声物位计可分为定点式物位计和连续式物位计两大类。图 11-38 所示为超声物位计外观图。

图 11-38   超声物位计外观图

1. **定点式超声物位计**

定点式物位计用来测量被测物位是否达到预定高度（通常是安装测量探头的位置），并发出相应的开关信号。根据不同的工作原理及换能器结构，可以分别用来测量液位、固体料位、固-液分界面、液-液分界面以及检测液体的有无。其特点是简单、可靠、使用方便、适用范围广，广泛应用于化工、石油、食品及医药等工业部门。

定点式超声物位计常用的有声阻式、液体介质穿透式和气体介质穿透式三种。

① 声阻式液位计。声阻式液位计的工作频率约为 40 kHz。如图 11-39 所示，利用气体和液体对超声振动的阻尼有显著差别这一特性来判断测量对象是液体还是气体，从而测定是否到达检测探头的安装高度。

由于气体对压电陶瓷前面的不锈钢辐射面振动阻尼小，压电陶瓷振幅较大，足够大的正反馈使放大器处于振荡状态。当不锈钢辐射面和液体接触时，由于液体的阻尼较大，压电陶瓷 Q 值降低。反馈量减小，导致振荡停

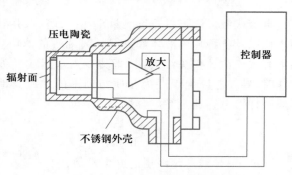

图 11-39   声阻式液位计原理

止，消耗电流增大。根据换能器消耗电流的大小判断被测液面是否上升到辐射面高度，使控制器内继电器动作，发出相应控制信号。

声阻式液位计结构简单，使用方便。换能器上有螺纹，使用时可从容器顶部将换能器安装在预定高度。它适用于化工、石油和食品等工业中的各种液面测量，也用于检测管道中有无液体存在，重复性可达 1 mm。该传感器不适用于黏滞液体。因有部分液体黏附在换能器上，不随液面下降而消失，因而容易误动作。同时也不适用于溶有气体的液体，避免气泡附在换能器上而形成辐射面上的一层空气隙，减小了液体对换能器的阻尼，并导致误动作。

② 液体介质穿透式超声液位计。它的工作原理是利用超声换能器在液体中和气体中发射系数的显著差别来判断被测液面是否到达换能器安装高度，如图 11-40 所示。液体介质穿透式超声液位计由相隔一定距离平行放置的发射压电陶瓷与接收压电陶瓷组成，压电陶瓷被封装在不锈钢外壳中或用环氧树脂铸成一体，在发射与接收陶瓷片之间留有一定间隙（12 mm）。控制

器内有放大器及继电器驱动线路,发射压电体和接收压电体分别被接到放大器的输出端和输入端。当间隙内充满液体时,由于固体与液体的声阻抗率接近,超声波穿透时界面损耗较小,从发射到接收,使放大器由于声反馈而连续振荡。当间隙内是气体时,由于固体与气体声阻抗率差别极大,在固、气分界面上声波穿透时的衰减极大,所以声反馈中断,振荡停止。根据放大器振荡与否来判断换能器间隙是空气还是液体,从而判断液面是否到达预定高度。该液位计结构简单,不受被测介质物理性质的影响,工作安全可靠。

③ 气体介质穿透式超声物位计。它的发射换能器中压电陶瓷和放大器接成正反馈振荡回路,振荡在发射换能器的谐振频率上,接收换能器同发射换能器采用相同的结构。使用时,将两换能器相对安装在预定高度的同一直线上,使其声路保持畅通。当被测料位升高遮断声路时,接收换能器收不到超声波,控制器内继电器动作,发出相应的控制信号。

由于超声波在空气中传播,故频率选择得较低(20~40 kHz)。这种物位计适用于粉状、颗粒状、块状或其他固体料位的极限位置检测,结构简单,安全可靠,不受被测介质物理性质的影响,适用范围广。

2. 连续指示式超声物位计

连续指示式超声物位计大都采用回波测距法(即声呐法)连续测量液位、固体料位或液-液分界面位置。根据不同应用场合所使用的传声媒介质不同,又可分为液体、气体和固体介质导波式三种。

① 液体介质超声物位计。它是以被测液体为导声介质,利用回波测距方法来测量液面高度。装置由超声换能器和电子装置组成,用高频电缆连接,如图 11-41 所示。

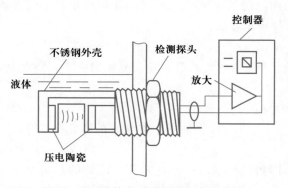

图 11-40　液体介质穿透式超声液位计

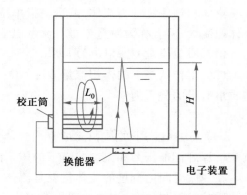

图 11-41　液体介质超声波液位计

这种液体介质液位计的时钟定时触发发射电路发出电脉冲,激励换能器发射超声脉冲。脉冲穿过外壳和容器壁进入被测液体,在被测液体表面上反射回来,再由换能器转换成电信号送回电子装置。液面高度 H 与液体中声速 v 及被测液体中来回传播时间 Δt 成正比,即

$$H = \frac{1}{2}v\Delta t \qquad (11-22)$$

若计数振荡器的频率为 f_0,则上式可表示为

$$H = \frac{nv}{2f_0} \qquad (11-23)$$

式中　n——计数器的显示数,n 值与液面高度成正比。

这种液面计适用于测量如油罐、液化石油气罐之类容器的液位。具有安装使用方便、可多点

检测、精确度高、直接用数字显示液面高度等优点。同时存在着当被测介质温度、成分经常变动时,由于声速随之变化,故测量精度较低。

② 气体介质超声物位计。它以被测介质上方的气体为导声介质,利用回波测距来测量物位,其工作原理与液体介质相似。

利用被测介质上方的气体导声,被测介质不受限制,可测量有悬浮物的液体、高黏度液体与粉体、块体等,使用维护方便。除了能测量各种密封、敞开容器中的液位外,还可以用于测量塑料粉粒、砂子、煤、矿石、岩石等固体料位,以及沥青、焦油等黏糊液体及纸浆等介质的料位。

 ## 11.4 流量测量系统

在工业自动化生产中,流量是需要经常检测和控制的重要参数之一,流量检测成为过程检测的重要组成部分。随着经济的发展和科学的进步,对于流量检测的精度要求也越来越高,需要检测的流量品种也越来越多。因此,根据测量对象的物理性能,运用不同的物理原理和规律,设计制造出各种各样的流量测量仪表,用于工艺流程中流量和配比参数的控制以及油、气、水等能源的计量。

11.4.1 流量概述和检测方法

1. 流量及其表示方法

液体和气体统称为流体,流量是指单位时间内流过管道某截面流体的体积或质量。前者称为体积流量,后者称为质量流量。流量通常有三种表示方法。

(1)质量流量 Q_m:单位为 kg/h。

(2)工作状态下的体积流量 Q_V:单位为 m²/h 或 1/h。如果用 ρ 表示流体的密度,体积流量与质量流量的关系为

$$Q_V = Q_m / \rho \qquad\qquad (11-24)$$

(3)标准状态下的体积流量 Q_{Vn}:气体是可以压缩的,Q_V 会随着工作状态的变化而变化,Q_{Vn} 就是折算到标准压力和温度状态下的体积流量。

在一段时间内流过的流体量就是流体总量,即瞬时流量对时间的累积。流体的总量对于计量物质的损耗与储存,流体的贸易等都具有重要的意义。测量总量的仪表一般称为流体计量表或流量计。

2. 流量的检测方法

流量的检测方法分为三类:速度式、容积式和质量式。工业上的流量检测通常要求获得瞬时流量和总流量。

(1)速度流量计

速度流量计使用最多,品种也最多。包括差压式流量计、转子流量计、靶式流量计、涡轮流量计、电磁流量计、漩涡流量计、超声波流量计等。

(2)容积流量计

容积流量计的工作原理比较简单,适用于测量高黏度、低雷诺数的流体。其特点是流动状态对测量结果的影响较小,精确度较高,但不适用于高温、高压和脏污介质的流量测量。这种类型

的流量计包括椭圆齿轮流量计、腰轮流量计、刮板式流量计和伺服式流量计等。

（3）质量流量计

质量流量计以测量与物质质量有关的物理效应为基础,分为直接式、推导式两种。直接式质量流量计利用与质量流量直接有关的原理(如牛顿第二定律)进行测量,目前常用的有量热式、微动式、角动式和振动陀螺式等。推导式质量流量计是同时测取流体的密度和体积流量,通过运算而推导出质量流量的,也可以同时连续测量温度、压力,将其转换成密度,再与体积流量进行运算而得到质量流量。

11.4.2　差压式流量计

差压式流量计也称节流式流量计,它是利用流体流经节流装置时产生压力差的原理来实现流量测量的。差压式流量计是目前工业中测量气体、液体和蒸汽流量最常用的仪表。差压式流量计主要由两大部分组成:一部分是节流式变换元件,节流装置如孔板、喷嘴、文丘利管等;另一部分是用来测量节流元件前后静压差的差压计,根据压差和流量的关系可直接指示流量。

1. 节流装置的工作原理

在管道中安装一个直径比管径小的节流件,如孔板、喷嘴、文丘利管等,当充满管道的单相流体流经节流件时,由于流体流通面积突然缩小而形成流束收缩,导致流体速度加快;在挤过节流孔后,流速又由于流通面积变大和流束扩大而降低。由能量守恒定律可知,动压能和静压能在一定条件下可以互相转换,流速加快必然导致静压力降低,于是在节流件前后产生静压差 $\Delta p = p_1 - p_2$,且 $p_1 > p_2$,此即节流现象,如图 11-42 所示。

静压差的大小与流过的流体流量之间呈开方关系 $Q = K\sqrt{\Delta p}$,因此通过测量节流件前后的静压差即可求得流量。

2. 标准节流装置的结构

对于标准化的节流装置,只要按照规定进行设计、安装和使用,不必进行标定就能准确地得到其精确的流量系数,从而进行准确的流量测量。图 11-43 为成套标准节流装置的外观图,图 11-44 为其结构图。

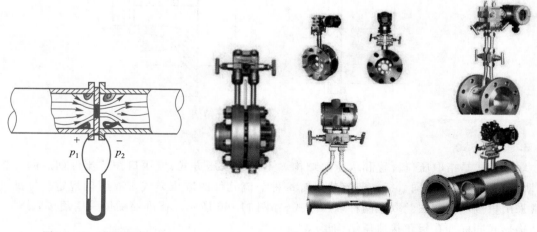

图 11-42　节流现象　　　　　　　　　图 11-43　成套节流装置外观图

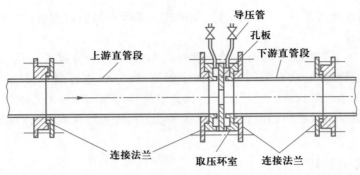

图 11-44　成套节流装置

标准节流装置的使用条件：

① 被测介质应充满全部管道截面并连续地流动。

② 管道内的流束（流动状态）是稳定的。

③ 在节流装置前后要有足够长的直管段，要求节流装置前后直管段长度为两倍管道直径，管道的内表面上不能有凸出物和明显的粗糙不平现象。

④ 各种标准节流装置使用管径 D 的最小值规定如下：

孔板：$0.05 \leqslant m \leqslant 0.70$ 时，$D \geqslant 50$ mm；

喷嘴：$0.05 \leqslant m \leqslant 0.65$ 时，$D \geqslant 50$ mm；

文丘利管：$0.2 \leqslant m \leqslant 0.50$ 时，100 mm $\leqslant D \leqslant 800$ mm。

标准节流装置的结构有统一规定，图 11-45 为标准孔板及标准喷嘴的结构图。

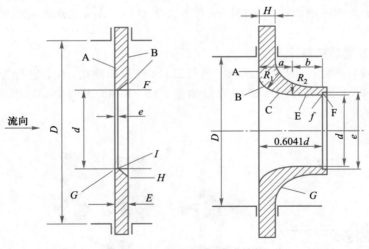

图 11-45　标准孔板、喷嘴结构

3. 取压方式

取压方式是指取压口位置和取压口结构。不同的取压方式，取压口在节流件前后的位置不同，取出的差压值也不同。标准节流装置对每种节流元件的取压方式都有明确规定。标准孔板通常采用角接取压和法兰取压两种取压方式，如图 11-46 所示。标准喷嘴仅采用角接取压方式，其结构形式同标准孔板角接取压结构形式。

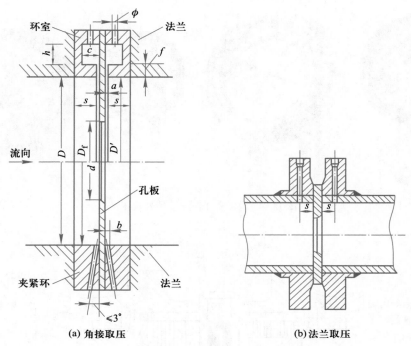

图 11-46 标准孔板的取压方式

（1）角接取压

孔板上、下游侧取压孔位于上、下游孔板前后端面处,取压口轴线与孔板各相应端面之间的间距等于取压口直径的一半或取压口环隙宽度的一半。

角接取压又分为环室取压和夹紧环(单独钻孔)取压两种。图 11-46(a)中上半部分采用环室取压,下半部分采用单独钻孔取压。

环室取压的前后两个环室在节流件两边,环室夹在法兰之间,法兰和环室、环室与节流件之间放有垫片并夹紧。节流件前后的压力是从前后环室和节流件前后端面之间所形成的连续环隙或等角距配置的不小于 4 个的断续环隙中取得的。采用环室取压的特点是压力取出口面积比较大,可以取出节流件前后的均衡压差,提高测量精确度。但加工制造和安装均要求较高,否则测量精度难以保证。

单独钻孔取压是在孔板的夹紧环上打孔,流体上下游压力分别从前后两个夹紧环取出。现场使用时加工、安装方便,特别是对大口径管道常采用单独钻孔取压方式。

（2）法兰取压

如图 11-46(b)所示,标准孔板被夹持在两块特制的法兰中间,其间加两片垫片,上、下游侧取压孔的轴线距孔板前、后端面分别为 (25.4 ± 0.8) mm。

4. 差压计

（1）双波纹管差压计

双波纹管差压计的外观如图 11-47 所示。它主要由两个波纹管、量程弹簧、扭力管及外壳等部分组成,如图 11-48 所示。

图 11-47　双波纹管差压计外观图

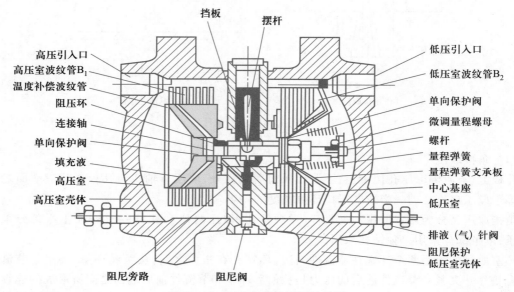

图 11-48　双波纹管差压计结构图

　　当被测流体的压力 p_1 和 p_2 分别由导压管引入高、低压室后,在压差 $\Delta p = p_1 - p_2 > 0$ 的作用下,高压室的波纹管 B_1 被压缩,容积减小,内部充填的不可压缩液体将流向 B_2,使低压侧的波纹管 B_2 伸长,容积增大,从而带动连接轴自左向右运动。当连接轴移动时,将带动量程弹簧伸长,直至其弹性变形与压差值产生的测量力平衡为止。而连接中心上的挡板将推动扭管转动,通过扭管的心轴将连接轴的位移传给指针或显示单元,指示差压值。

　　（2）膜片式差压计

　　膜片式差压计主要由差压测量室（高压室和低压室）、三通导压阀和差分变压器三大部件构成,如图 11-49 所示。

　　当高压 p_1 和低压 p_2 分别导入高、低压室之后,在压差 $\Delta p = p_1 - p_2$ 的作用下,膜片向低压室方向产生位移,从而带动不锈钢连杆及其端部的软铁在差分变压器线圈内移动,通过电磁感应将膜片的位移行程转化为电信号,再通过显示仪表显示。

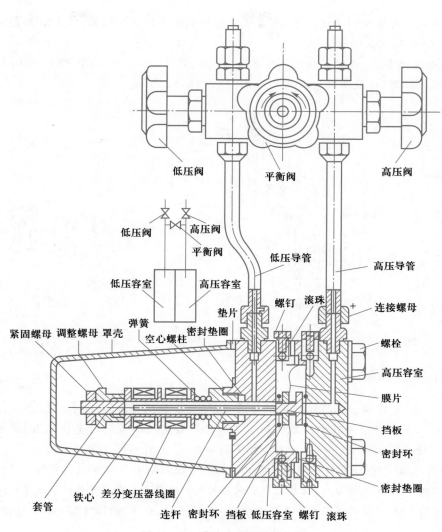

图 11-49　膜片式差压计结构图

🔍 施工案例2

差压式流量计的安装与使用

1. 差压式流量计的安装

流量计安装的是否正确和可靠,对保证将节流装置输出的差压信号准确地传送到差压计或差压变送器上,是十分重要的,因此,流量计的安装必须符合要求。

① 安装时,必须保证节流件的开孔和管道同心,节流装置端面与管道的轴线垂直。在节流件的上、下游,必须配有一定长度的直管段。

② 导压管尽量按最短距离敷设在 3~50 m 之内。为了不致在此管路中积聚气体和水分,导压管应垂直安装。水平安装时,其倾斜率不应小于 1:10,导压管为直径 10~12 mm 的铜、铝或钢管。

③ 测量液体流量时,应将差压计安装在低于节流装置处。如一定要装在上方时,应在连接

管路的最高点处安装带阀门的集气器,在最低点处安装带阀门的沉降器,以便排出导压管内的气体和沉积物,如图 11-50 所示。

④ 测量气体流量,最好将差压计装在高于节流装置处。如一定要安装在下面,在连接导管的最低处安装沉降器,以便排除冷凝液及污物,如图 11-51 所示。

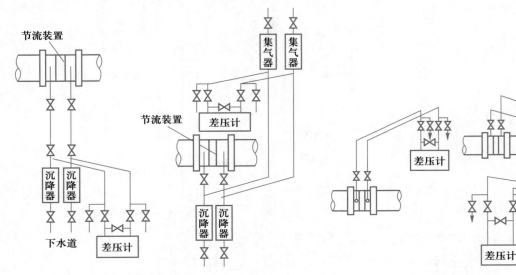

图 11-50　测量液体时差压计的安装　　　　图 11-51　测量气体时差压计的安装

⑤ 测量黏性的、腐蚀性的或易燃的流体流量时,应安装隔离器,如图 11-52 所示。隔离器的用途是保护差压计不受被测流体的腐蚀和玷污。隔离器是两个相同的金属容器,容器内部充灌化学性质稳定并与被测流量不相互作用和相溶的液体,差压计同时充灌隔离液。

⑥ 测量蒸汽流量时,差压计和节流装置之间的相对配置和测量液体流量相同。为保证两导压管中的冷凝水处于同一水平面上,在靠近节流装置处安装冷凝器。冷凝器是为了使差压计不受70 ℃以上高温流体的影响,并能使蒸汽的冷凝液处于同一水平面上,以保证测量精度,如图 11-53 所示。

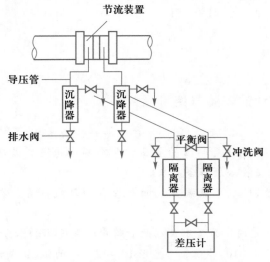
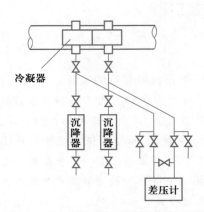

图 11-52　测量腐蚀性液体仪表低于节流装置　　　图 11-53　测量蒸汽流量安装布置图

2. 差压式流量计的使用

（1）测量液体流量

在连接差压计前,打开节流装置处的两个导压阀和导压管上的冲洗阀,用被测液体冲洗导压管,以免管锈和污物进入差压计,此时差压计上的两个导压阀处于关闭状态。待导压器充满液体后,先打开差压计上的平衡阀,然后微微打开差压计上的正压导压阀(高压阀见图11-49),使液体慢慢进入差压计的测压室,同时将空气从差压计的排气针阀孔排尽,关闭排气针阀,接着关上平衡阀,并骤然打开负压导压阀(低压阀,见图11-49),仪表投入正常测量。

在必须装配隔离器时,运行前应充满隔离液体。

测量具有腐蚀性的流体时,操作要特别小心,在未关闭差压计的两个导压阀前,不准先打开差压计上端的平衡阀门,也不准在平衡阀打开时,将两导压阀打开。如果因某种原因发现腐蚀性流体进入测量室,则应停止工作,进行彻底清洗。在将差压计与节流装置接通之前,先打开节流装置上的两个导压阀和导压管上的两个吹洗阀,用管道气体吹洗导压管,以免管道上的锈片和杂物进入差压计(此时差压计的两导压阀应关闭);使用时,首先缓慢打开节流装置上的两个导压阀,使被测管道的气体流入导压管;然后打开平衡阀,并微微打开仪表上端的正压导压阀(p_1),测量室逐渐充满测量气体,同时将差压计内的液体从排液针阀排掉;最后,关上差压计的平衡阀,并骤然打开差压计上面的负压导压阀(低压阀,见图11-49),流量计进入正常工作。

（2）测量蒸汽流量

冲洗导压管的过程同上。使用时,先关闭节流装置处的两个导压阀,将冷凝器和导压管内的冷凝水从冲洗阀放掉,然后打开差压计的排气针阀和三个导压阀,向一支冷凝器内注入冷凝液,直至另一支冷凝器上有冷凝液流出为止。当排气针阀不再有气泡后关上排气针阀。为避免仪表的零点变化,必须注意冷凝器与仪表之间的导压管以及表内的测量室都应充满冷却液,两冷凝器内的液面必须处于同一水平面。最后,同时骤然打开节流装置上的两个导压阀,关上差压计的平衡阀,仪表即投入正常的工作。

11.4.3　容积式流量计

容积式流量计的工作原理是将被测流体充满具有一定容积的空间,然后再把这部分流体从出口排出,用来测量各种液体和气体的体积流量。它的优点是测量精度高,被测流体黏度影响小,不要求前后直管段等;缺点是要求被测流体洁净,不含有固体颗粒,否则应在流量计前加过滤器。

常用的容积流量计有:椭圆齿轮流量计、腰轮流量计、旋转活塞式流量计、刮板式流量计等。

1. 椭圆齿轮流量计

椭圆齿轮流量计的工作原理如图11-54所示。互相啮合的一对椭圆形齿轮在被测流体压力的推动下产生旋转运动。

在图11-54(a)中,椭圆齿轮1长轴分别处于被测流体入口侧和出口侧。由于流

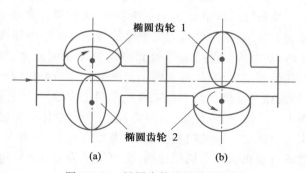

图11-54　椭圆齿轮流量计原理图

体经过流量计有压力降,故入口侧和出口侧压力不等,所以椭圆齿轮 1 将产生旋转,而椭圆齿轮 2 已是从动轮,被齿轮 1 带着转动。当转至图 11–54(b)所示状态时,齿轮 2 已是主动轮,齿轮 1 变成从动轮。由图可见,由于两齿轮的旋转,它们便把齿轮与壳体之间所形成的新月形空腔中的流体从入口侧推至出口侧。每个齿轮旋转 1 周,就有 4 个这样容积的流体从入口推至出口。因此,只要计量齿轮的转数即可得知有多少体积的被测流体通过仪表。椭圆齿轮流量计就是将齿轮的转动通过一套减速齿轮传动,传递给仪表指针,指示被测流体的体积流量。椭圆齿轮流量计适合于测量中小流量,其最大口径为 250 mm。

2. 腰轮流量计

腰轮流量计(也称罗茨流量计)可以测量液体,也可以测量气体,既可测小流量也可测大流量。外形如图 11–55 所示,内部结构如图 11–56 所示。其工作原理与椭圆齿轮流量计相同,只是转子形状不同。腰轮流量计的两个轮子是两个摆线齿轮,故它们的传动比恒为常数。为减小两转子的磨损,在壳体外装有一

图 11–55　腰轮流量计外形图

对渐开线齿轮作为传递转动之用。每个渐开线齿轮与每个转子同轴。为了使大口径的腰轮流量计转动平稳,每个腰轮均作成上下两层,而且两层错开 45° 角,称为组合式结构。腰轮流量计测量液体的口径为 10 ~ 600 mm;测气体的口径为 15 ~ 250 mm。

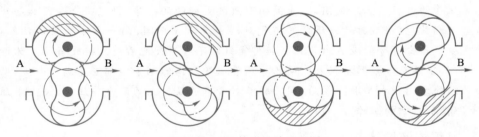

图 11–56　腰轮流量计原理图

3. 旋转活塞式流量计

旋转活塞式流量计适合测量小流量液体的流量。它具有结构简单、工作可靠、精度高和受黏度影响小等优点。由于零部件不耐腐蚀,故只能测量无腐蚀性的液体,如重油或其他油类。现多用于小口径的管路上测量各种油类的流量。

流量计的外形如图 11–57 所示,工作原理如图 11–58 所示,被测液体从进口处进入计量室,被测流体进、出口的压力差推动旋转活塞按图中箭头所示方向旋转。当转至图 11–58(b)所示位置时,活塞内腔新月形容积 V_1 中充满了被测液体;当转至 11–58(c)所示位置时,这一容积中的液体已与出口相通,活塞继续转动便将这一容积的液体由出口排出;当转至图 11–58(d)所示位置时,在活塞外面与测量室内壁之间也形成一个充满被测液体的容积 V_2;活塞继续旋转又转至图 11–58(a)所示位置,这时容积 V_2 中的液体又与出口相通,活塞继续旋转又将这一容积的液体由出口排出。如此周而复始,活塞每转一周,便有 V_1+V_2 容积的被测液体从流量计排出。活塞转数既可由机械计数机构读出,也可转换为电脉冲由电路输出。

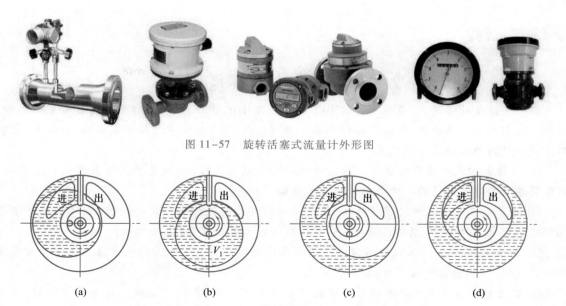

图 11-57　旋转活塞式流量计外形图

图 11-58　旋转活塞式流量计原理图

4. 刮板式流量计

图 11-59 为凸轮式刮板式流量计结构图,图 11-60(a)为其工作原理图,流量计的转子中开有 4 个两两互相垂直的槽,槽中装有可以伸出、缩进的刮板,伸出的刮板在被测流体的推动下带动转子旋转,同时,伸出的两个刮板与壳体内腔之间形成计量容积,转子每旋转一周便有 4 个这样容积的被测流体通过流量计,因此由计量转子的转数即可测得流过流体的体积。凸轮式刮板流量计的转子是一个空心圆筒,中间固定一个不动的凸轮,刮板一端的滚子压在凸轮上,刮板在与转子一起运动的过程中还要按凸轮外廓曲线形状从转子中伸出和缩进。图 11-60(b)为凹线式刮板流量计的原理图。该流量计的转子是实心的,中间有槽,槽中安装刮板,刮板从转子中伸出或缩进是由壳体内腔的轮廓线决定的。

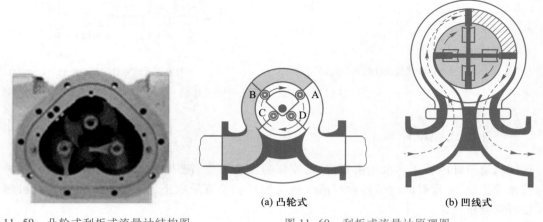

图 11-59　凸轮式刮板式流量计结构图　　　图 11-60　刮板式流量计原理图

刮板式流量计具有测量精度高、量程比大、受流体黏度影响小等优点,且运转平稳,振动和噪声小,适合测量中等或较大的流量。

🔍**施工案例3**

容积式流量计的安装使用

容积式流量计精度高,量程宽可达 10∶1,可以测小流量,几乎不受黏度等因素变化的影响,对检测器前的直管段长度,没有严格的要求。其缺点是:对于大流量的检测成本高、质量大,维护不方便。使用中应注意以下几点:

① 选择容积式流量计时应该注意实际使用时的测量范围,必须是在此仪表的量程范围内,不能简单地按连接管道的尺寸去确定仪表的规格。

② 为了保证运动部件的顺利转动,器壁与运动部件间设计有一定的间隙,流体中如有尘埃颗粒会使仪表卡住,甚至损坏。为此在流量计前必须要装过滤器(或除尘器)。

③ 由于各种原因,可能使进入流量计的液体中夹杂有少量气体,为此,应该在流量计前设置气体分离器,否则会影响仪表检测精度。

④ 流量计可以水平或垂直安装。安装在水平管道上时,应设有副线。当垂直安装时,仪表应装在副线上,以免铁屑、杂质等落入仪表的测量部分,如图 11-61 所示。

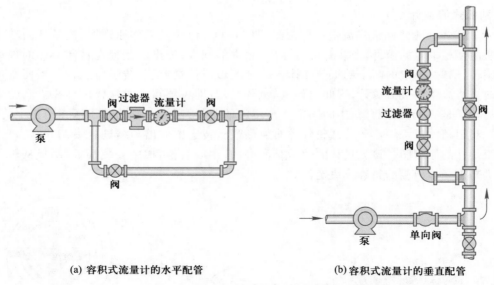

(a) 容积式流量计的水平配管　　　　(b) 容积式流量计的垂直配管

图 11-61　容积式流量计配管示意图

11.4.4　速度式流量计

速度式流量计的原理和水轮机相似,靠流体的流速工作,流体冲击叶轮或涡轮旋转,瞬时流量与转速成正比,一段时间内的转数与该时间段的累积总流量成正比。速度式流量计既可测量液体也可以测量气体。

1. 叶轮式流量计

家用自来水表就是典型的叶轮式流量计,其用途在于提供总用水量,以便按量收费,其结构如图 11-62 所示。自进水口流入的水经筒状部件周围的斜孔,沿切线方向冲击叶轮。叶轮轴经过齿轮逐级减速。带动各个十进位指针以指示累积总流量。此后,水流再经筒状部件上排孔汇至总出水口。

2. 涡轮式流量计

涡轮式流量计的结构如图 11-63 所示。在管形壳体的内壁上装有导流架,一方面促使流体沿轴线方向平行流动,另一方面支承了涡轮的前后轴承,涡轮上装有螺旋桨形的叶片,在流体冲击下旋转。为了测出涡轮的转速,管壁外装有带线圈的永久磁铁,并将线圈两端引出。

由于涡轮具有一定的铁磁性,当叶片在永久磁铁前扫过时,会引起磁通的变化,因而在线圈两端产生感应电动势,此感应交流电信号的频率与被测流体的体积流量成正比。如将该频率信号送入脉冲计数器即可得到累积总流量。涡轮流量计具有测量精度高、反应迅速、可测脉动流量、耐高压等特点,适用于清洁液体、气体的测量。

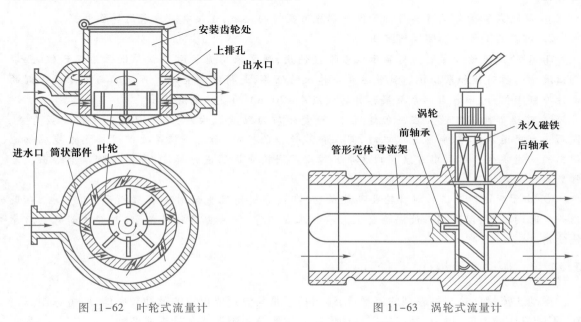

图 11-62　叶轮式流量计　　　　　图 11-63　涡轮式流量计

🔍 施工案例4

涡轮式流量计的安装、使用与维护

1. 涡轮式流量计的安装

如图 11-64 所示为涡轮式流量计安装示意图。安装时应注意以下几个方面。

① 涡轮式流量计应水平安装,进出口处前后的直管段应不小于 15D(管径)和 5D(管径)。变送器与前置放大器之间的距离不得超过 3 m。

② 安装变送器时应按图 11-64 所示进行管路配置。消气器主要用来消除与液体介质混在一起的游离气体,由于这些气体占有一定的体积,因而会造成测量结果的不真实。过滤器主要用来将流经管道的被测流体介质中的各种杂质如颗粒、纤维、铁磁物质等滤掉,不致进入涡轮变送器内,以保护轴与轴承不被损坏。

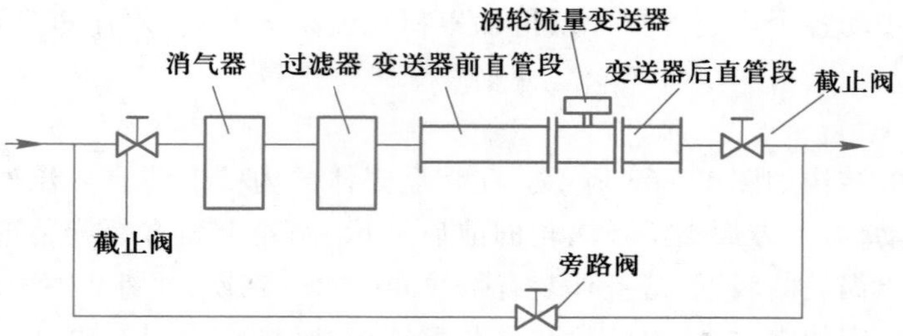

图 11-64　涡轮式流量计安装示意图

③ 变送器应安装在不受外界电磁场影响的地方,否则应在变送器的磁电感应转换器上加设屏蔽罩。

④ 涡轮式流量计变送器与显示仪表都应有良好的接地,连接电缆应采用屏蔽电缆。

2. 涡轮式流量计的使用与维护

① 涡轮式流量计变送器与显示仪表连接使用,通常采用流量运算积算仪作为显示仪表,以测出流量的瞬时值和累积值。流量运算积算仪的任务,是将流量变送器产生的与流量成比例的电脉冲频率信号,按各自的系数换算并转换成 4 ~ 20 mA 的直流电流输出。

② 变送器比例常数 K 在一般情况下,除受介质的黏度影响外,几乎只与其几何参数有关。因而一台变送器设计、制造完成之后,其仪表常数即已确定,而这个值是要经过标定才能确切地得出的。通常生产厂家用常温下的洁净水对出厂涡轮变送器进行标定,并在校验单上给出仪表常数等有关数据。

③ 由于变送器在工作时叶轮要高速旋转,即使润滑情况良好时也有磨损产生。这样,在使用一定时间之后,因磨损而使涡轮变送器不能正常工作,就应更换轴或轴承,并经重新标定后才能使用。

11.4.5　振动式流量计

振动式流量计是一种新型的流量计,输出信号是与流量成正比的脉冲频率信号,可远距离传输,不受流体的温度、压力、黏度等因素的影响。主要分为漩涡式和旋进式两种。

1. 漩涡式流量计

（1）工作原理

漩涡式流量计是利用流体力学中卡门涡街的原理制作的一种仪表,它是把漩涡发生体(对称形状的物体,如圆柱体、三角柱体等)垂直插在管道中,流体绕过漩涡发生体时,出现附面层分离,在漩涡发生体的左右两侧后方会交替产生漩涡,如图 11-65 所示,左右两侧漩涡的旋转方向相反。这种漩涡列通常被称为卡门漩涡列,也称卡门涡街。

由于漩涡之间的相互影响。漩涡列一般是不稳定的,但卡门从理论上证明了当两漩涡列之间的距离 h 和同列的两个漩涡之间的距离 L 满足公式 $h/L = 0.281$ 时,非对称的漩涡列就能保持稳定。此时漩涡的频率 f 与流体的流速 v 及漩涡发生体的宽度 d 有下述关系,即

$$f = S_t \frac{v}{d} \tag{11-25}$$

式中　S_t ——斯特劳哈尔数。

实验证明,流量 Q_V 与漩涡频率 f 呈线性关系,只要测出漩涡的频率 f 就能求得流过流量计管

道流体的体积流量 Q_v。

（2）漩涡频率的检测

漩涡频率的检测是通过漩涡检测器来实现的。漩涡检测器的任务：一方面使流体绕过检测器时，在其后能形成稳定的涡列；另一方面能准确地测出漩涡产生的频率。目前使用的漩涡检测器主要有两种形式，一种是圆柱形，另一种是三棱柱形。

圆柱形检测器如图 11-66 所示，它是一根中空的长管，管中空腔用隔板分成两部分。管的两侧开两排小孔。隔板中间开孔，孔上贴有铂电阻丝，铂丝通常被通电加热到高于流体温度 10 ℃左右。

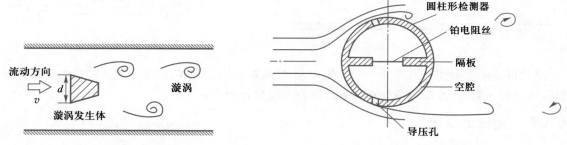

图 11-65　漩涡发生原理图　　　　　　　　图 11-66　圆柱形漩涡检测器

当流体绕过圆柱时，如在下侧产生漩涡，由于漩涡的作用使圆柱体的下部压力高于上部压力，部分流体从下部小孔吸入，从上部小孔吹出，结果将使下部漩涡被吸在圆柱表面，越转越大，而没有漩涡的一侧由于流体的吹出作用，将使漩涡不易发生。下侧漩涡生成之后，它将脱离开圆柱表面向下运动，这时柱体的上侧将重复上述过程生成漩涡。如此一来，柱体的上、下两侧交替地生成并放出漩涡。同时，在柱体的内腔自下而上或自上而下产生的脉冲流通过被加热的电阻丝，空腔内流体的运动，交替对电阻丝产生冷却作用，电阻丝的阻值发生变化，从而产生和漩涡的生成频率一致的脉冲信号，通过频率检测器即可完成对流量的测量。

如图 11-67 的三棱柱体检测器可以得到更稳定、更强烈的漩涡。埋在三棱柱体正面的两支热敏电阻组成电桥的两臂，并以恒流源供以微弱的电流进行加热。

在产生漩涡的一侧，因流速变低，使热敏电阻的温度升高，阻值减小，因此，电桥失去平衡，产生不平衡输出。随着漩涡的交替形成，电桥将输出一个与漩涡频率相等的交变电压信号，该信号送至累积器计算就可给出流体流过的流量。使用时要求在漩涡检测器前有 15D、检测器后有 5D 的直管段，并要求直管段内部光滑。此外热敏元件表面应保持清洁无垢，所以需要经常清洗，以保证其特性稳定。

2. 旋进式漩涡流量计

旋进式漩涡流量计如图 11-68 所示。流体从流量计入口进入，通过由一组固定的螺旋叶片构成的漩涡发生器后被强制旋转，在中心的速度很高；流体进入先收缩后扩张的管段，首先被加速，漩涡的中心和轴线一致；流体进入扩张段后，将围绕流量计的轴线作螺旋状推进运动，并且逐渐向管壁靠近，出口前装有导流叶片，叶片是直的，其平面与轴线平行，目的是使漩涡流整流成平直运动，以免下游管件对测量产生影响。

螺旋状推进运动频率可采用热敏元件或压敏元件检测，为了使元件不被污染、腐蚀及振动，元件表面挂有薄玻璃层，一般多采用珠状热敏电阻，并用恒流源加热，通常其温度高于被测流体的温度。当螺旋状推进运动涡流扫过时,将使热敏电阻冷却。这样,便将螺旋状推进运动频率转变为热敏电阻阻值的交替变化,其变化频率和进动频率相等。

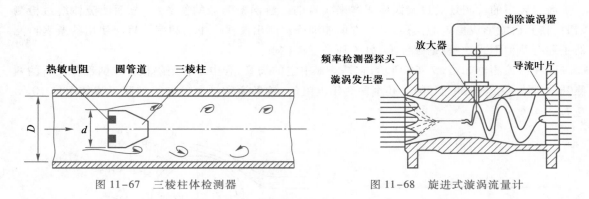

图 11-67　三棱柱体检测器　　　　　　图 11-68　旋进式漩涡流量计

通常将热敏电阻作为电桥的一个臂使用,由恒流源加热,当电阻的变化变成电桥的不平衡输出后,送至放大器放大,以后的处理与卡门涡轮式流量计相同。

11.4.6　电磁流量计

电磁流量计是基于电磁感应原理工作的流量测量仪表,它能测量具有一定电导率的液体的体积流量。由于它的测量精度不受被测液体的黏度、密度及温度等因素变化的影响,且测量管道中没有任何阻碍液体流动的部件,所以几乎没有压力损失。适当选用测量管中绝缘内衬和测量电极的材料,就可以测量各种腐蚀性(酸、碱、盐)溶液流量,尤其在测量含有固体颗粒的液体,如泥浆、纸浆、矿浆等的流量时,更显示出其优越性。

1. 电磁流量计的工作原理

图 11-69 为电磁流量计原理图。在磁铁 N-S 形成的均匀磁场中,垂直于磁场方向有一个直径为 D 的导管,当导电的液体在导管中流动时,导电液体切割磁感线,于是在和磁场及其流动方向垂直的方向上产生感应电动势,如安装一对电极,则电极间产生和流速成比例的电位差 U,即

$$U = BDv \tag{11-26}$$

式中　D——管道内径;

　　　B——磁场磁感应强度;

　　　v——液体在导管中的平均速度。

由式(11-26)可以得到 $v = U/BD$,则体积流量为

$$Q_v = \frac{\pi D^2}{4} \cdot v = \frac{\pi D}{4B}U \tag{11-27}$$

采用交变磁场以后,感应电动势也是交变的,这不但可以消除液体极化的影响,而且便于后面环节的信号放大,但增加了感应误差。

2. 电磁流量计的结构

电磁流量计由外壳、励磁线圈及磁轭、电极和测量导管四部分组成,如图 11-70 所示。磁场用 50 Hz 电源激励产生,电极与被测液体接触,一般使用耐腐蚀的不锈钢和耐酸钢等非磁性材料制造,通常加工成矩形或圆形。

为了能让磁感线穿过,使用非磁性材料制造导管,以免造成磁分流。中小口径电磁流量计的

导管用不导磁的不锈钢或玻璃钢等制造;大口径电磁流量计的导管用离心浇铸的方法把橡胶和线圈、电极浇铸在一起,可减小因涡流引起的误差。导管的内壁挂一层绝缘衬里,防止两个电极被金属导管短路,同时还可以防腐蚀,衬里一般使用天然橡胶(60 ℃)、氯丁橡胶(70 ℃)、聚四氯乙烯(120 ℃)等。

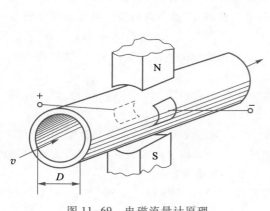

图 11-69　电磁流量计原理

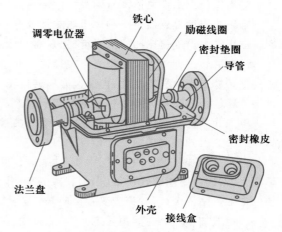

图 11-70　变压器型电磁流量计

🔎 知识拓展

流量测量仪表的选用

由于流量测量仪表的种类多,适应性也不同,因此正确选用流量测量仪表对保证流量测量精度十分重要:

(1) 选用流量测量仪表时要考虑工艺允许压力损失,最大/最小额定流量、使用场合特点以及被测流体的性质和状态(如液体、气体、蒸汽、粉末、导电性、压力、温度、黏度、重度、腐蚀、气泡和脉动流等),还要考虑对仪表的精度要求,以及测量瞬时值、积算值等。

(2) 节流装置或其他差压感受元件与差压计配套,可用于测量各种性质及状态的液体、气体与蒸汽的流量,一般用在大于 50 mm 管径的流量测量;标准孔板适用于测量干净的液体、气体或蒸汽流量;喷嘴可用于测量高压、过热蒸汽的流量;文丘里管适用于精密测量干净或脏污的液体或气体;偏心孔板和圆缺孔板适用于介质含有沉淀物、悬浮物的流量测量;1/4 圆喷嘴适用于测量黏度大、流速低、雷诺数小的流体;毕托管适用于流量较大而不允许有显著压力损失的场合,但测量精度较低。

(3) 计量部门应选用精度等级较高的仪表,如椭圆齿轮流量计、旋转活塞流量计、腰轮流量计、涡轮式流量计、漩涡式流量计等。

(4) 电磁流量计只能用于导电液体的测量,如酸、碱、盐、泥沙状流体等。

(5) 差压流量计是均方根刻度。在选择刻度时,最大流量为满刻度的 95%,正常流量为满刻度的 70% ~80%,最小流量为满刻度的 30%;其他流量仪表是线性刻度,在选择刻度时,最大流量为满刻度的 90%,正常流量为满刻度的 50% ~70%,最小流量为满刻度的 10% ~20%。

本章小结

　　本章介绍了工程中常用的温度、速度、物位和流量测量系统。

　　热敏电阻可在一定的温度范围内对某些元件进行温度补偿,并可用于继电保护和温度上下限报警。

　　热电偶测温系统可以测量两点之间温差、测量几个点温度之和、测量平均温度等。

　　辐射式温度传感器是一种非接触式测温方法,它是利用物体的辐射能随温度变化的原理制成的。应用辐射温度传感器检测温度时,只需把传感器对准被测物体,而不必与被测物体直接接触。

　　光电式转速计包括反射型光电式转速计和直射型光电式转速计。工作在脉冲状态下,将转速的变化转换成光通量的变化,再通过光电转换元件将光通量的变化转换成电量的变化,然后依据电量与转速的函数关系或通过标定刻度实现转速测量。

　　电磁脉冲式转速计是一种数字式仪表。由被测旋转体带动磁性体产生计数电脉冲,根据计数脉冲的个数得知被测转速。

　　应变片式加速度计由应变片、质量块、等强度悬臂梁和基座组成。悬臂梁一端固定在传感器的基座上,梁的自由端固定质量块 m,在梁的根部附近粘贴 4 个性能相同的应变片,上下表面在对称的位置上各贴两个,同时把应变片接成差分全桥,将获得最佳测量性能。

　　压电式加速度计主要由压电元件、质量块、预压弹簧、基座及外壳等组成。整个部件装在外壳内,并用螺栓加以固定。

　　磁电式速度传感器分相对速度传感器和绝对速度传感器两种。

　　测速发电机是一种专门测速的微型电机,电机的输出电压在励磁一定的条件下,其值与转速成正比。若将被测旋转体的转轴与发电机转轴相连接,即可测得转速。测速发电机分为直流型和交流型两种。

　　浮力式物位检测的基本原理是通过测量漂浮于被测液面上的浮子(也称浮标)随波面变化而产生的位移来检测液位。静压式物位检测方法是根据液柱静压与液柱高度成正比的原理来实现的。电容式液位计可以连续测量水池、水塔、水井和江河湖海的水位以及各种导电液体的液位。在超声波检测技术中主要是利用它的反射、折射、衰减等物理性质。超声仪器,就是把超声波发射出去,然后再把超声波接收回来,变换成电信号,完成这一部分工作的装置,就是超声传感器。通常我们把发射部分和接收部分均称为超声换能器或超声探头。超声物位计可分为定点式物位计和连续式物位计两大类。定点式超声物位计常用的有声阻式、液介穿透式和气介穿透式三种。

　　液体和气体统称为流体,流量是指单位时间内流过管道某截面流体的体积或质量。前者称为体积流量,后者称为质量流量。

　　流量通常有三种表示方法:(1) 质量流量 Q_m;(2) 工作状态下的体积流量 Q_v;(3) 标准状态下的体积流量 Q_{vn}。差压式流量计也称节流式流量计,它是利用流体流经节流装置时产生压力差的原理来实现流量测量的。

　　节流式流量计中,通常采用的取压方式有:角接取压法、理论取压法、径距取压法、法兰取压法和管接取压法五种。标准节流装置的要遵守使用条件。

　　流量计安装的是否正确和可靠,对保证将节流装置输出的差压信号准确地传送到差压计或差压变送器上,是十分重要的,因此,流量计的安装必须符合要求。

　　容积式流量计的工作原理是将被测流体充满具有一定容积的空间,然后再把这部分流体从出口排出,用来测量各种液体和气体的体积流量。它的优点是测量精度高,被测流体黏度影响小,不要求前后直管段等。缺点是要求被测流体洁净,不含有固体颗粒,否则应在流量计前加过滤器。常用的容积流量计有:椭圆齿轮流量计、腰轮流量计、旋转活塞流量计、刮板式流量计等。

速度式流量计的原理和水轮机相似,靠流体的流速工作,流体冲击叶轮或涡轮旋转,瞬时流量与转速成正比,一段时间内的转数与该时间段的累积总流量成正比。速度式流量计既可测量液体也可以测量气体。

振动式流量计是一种新型的流量计,输出信号是与流量成正比的脉冲频率信号,可远距离传输,不受流体的温度、压力、黏度等因素的影响。主要分为漩涡式和旋进式两种。

电磁流量计是基于电磁感应原理工作的流量测量仪表,它能测量具有一定电导率的液体体积流量。由于它的测量精度不受被测液体的黏度、密度及温度等因素变化的影响,且测量管道中没有任何阻碍液体流动的部件,所以几乎没有压力损失。

思考题及习题

1. 绘出热敏电阻对温度进行补偿的电路。
2. 简述热电偶测温系统测量平均温度的方法,并绘制测量系统图。
3. 辐射式测温的特点和方法有哪些?
4. 简述速度测量有哪些方法,各自的特点?
5. 用测速发电机测量转速的原理是什么? 应用上有什么特点?
6. 什么是物位? 物位测量的特点是什么?
7. 简述浮力式液位计的工作原理和特点? 影响其精度的主要原因是什么?
8. 在检测液位的仪表中,受被测液位密度影响的有哪几种液位计? 并说出原因?
9. 超声物位计有什么特点?
10. 差压式流量计有几种取压方式? 各有何特点?
11. 简述容积式流量的工作原理及椭圆齿轮流量计的基本结构。
12. 简述电磁流量计的工作原理及使用特点。
13. 漩涡式流量计的工作原理?

参考文献

［1］栾桂冬,张金铎,金欢阳.传感器及其应用［M］.西安:西安电子科技大学出版社,2002.

［2］王煜东.传感器及应用［M］.北京:机械工业出版社,2004.

［3］宋文绪.杨帆.传感器与检测技术［M］.3版.北京:高等教育出版社,2008.

［4］沈聿农.传感器及其应用技术［M］.北京:化学工业出版社,2001.

［5］杨清梅.传感器与检测技术［M］.哈尔滨:哈尔滨工程大学出版社,2004.

［6］谢文和.传感器及其应用［M］.北京:高等教育出版社,2003.

［7］周乐挺.电工与电子技术实训［M］.北京:电子工业出版社,2004.

［8］吴旗.传感器及其应用［M］.北京:高等教育出版社,2002.

［9］谢志萍.传感器与检测技术［M］.北京:电子工业出版社,2004.

［10］高南,周乐挺.PLC控制系统编程与实现—案例解析［M］.北京:北京邮电大学出版,2008.

［11］宋爽,周乐挺.变频技术及应用［M］.北京:高等教育出版社,2008.

［12］王屹,裴蓓.现代传感技术［M］.北京:电子工业出版社,2010.

［13］秦志强.现代传感器技术及应用［M］.北京:电子工业出版社,2010.

郑重声明

高等教育出版社依法对本书享有专有出版权。任何未经许可的复制、销售行为均违反《中华人民共和国著作权法》，其行为人将承担相应的民事责任和行政责任；构成犯罪的，将被依法追究刑事责任。为了维护市场秩序，保护读者的合法权益，避免读者误用盗版书造成不良后果，我社将配合行政执法部门和司法机关对违法犯罪的单位和个人进行严厉打击。社会各界人士如发现上述侵权行为，希望及时举报，我社将奖励举报有功人员。

反盗版举报电话　　（010）58581999　58582371

反盗版举报邮箱　dd@hep.com.cn

通信地址　北京市西城区德外大街4号　高等教育出版社法律事务部

邮政编码　100120

读者意见反馈

为收集对教材的意见建议，进一步完善教材编写并做好服务工作，读者可将对本教材的意见建议通过如下渠道反馈至我社。

咨询电话　400-810-0598

反馈邮箱　gjdzfwb@pub.hep.cn

通信地址　北京市朝阳区惠新东街4号富盛大厦1座

　　　　　高等教育出版社总编辑办公室

邮政编码　100029

防伪查询说明（适用于封底贴有防伪标的图书）

用户购书后刮开封底防伪涂层，使用手机微信等软件扫描二维码，会跳转至防伪查询网页，获得所购图书详细信息。

防伪客服电话　　（010）58582300